7
1972

# Faserforschung und Textiltechnik

WISSENSCHAFTLICH-TECHNISCHE ZEITSCHRIFT
FÜR DIE CHEMIEFASER- UND TEXTILINDUSTRIE



AUS DEM INHALT



AKADEMIE-VERLAG BERLIN

Faserforsch. u. Textiltechnik • 23. Jahrg. • Heft 7 • Seiten 277–318 • Berlin im Juli 1972
FSTXA7 23 (7) 277–318 (1972) Preis: 15,– M • Sonderpreis DDR: 9,– M

DK 677.4[Bikomp.]:677.022.78:677.861.8:677.016:677.017.2:677.017.4

*Ronca, Giorgio*, und *Sorta, Ennio*

Kräuselung von Bikomponentenfasern, Auftreten und Verteilung von Kräuselungsumkehrpunkten sowie deren Einfluß auf die Kraft-Dehnungs-Kurve der Fasern

Faserforsch. u. Textiltechnik **23** (1972) 7, S. 277—279. 3 Abb., 2 Lit.

Kräuselungsumkehrungen in gekräuselten Bikomponentenfasern werden untersucht. Ein Ausdruck für ihre mittlere Häufigkeit und statistische Verteilung wird gewonnen und ihr Einfluß in Verbindung mit Belastungsversuchen untersucht. Über eine experimentelle Überprüfung hinsichtlich der statistischen Verteilung der Kräuselungsumkehrpunkte wird berichtet.

---

DK 677.494.674'524'420:677.014.27:677.017:677.019.5:543.544.45

*Nestler, Hans*

Der Einsatz der Gas/Flüssig-Chromatographie zur Kontrolle des Produktionsprozesses von Polyäthylenterephthalatfaserstoffen

Faserforsc h.u. Textiltechnik **23** (1972) 7, S. 280—285. 8 Abb., 18 Lit.

Anwendungsmöglichkeiten der Gas/Flüssig-Chromatographie zur Rohstoff- und Prozeßkontrolle und für die Charakterisierung des Endproduktes werden gezeigt. Dabei werden bekannte Methoden kritisch betrachtet und durch eine Reihe eigener Untersuchungen ergänzt, deren Ergebnisse in kurzer Form mitgeteilt werden.

---

DK 547.458.81:532.133:541.24:532.74:532.77:539.193

*Linow, Karl-Joachim, Koura, Adel, Philipp, Burkart*, und *Schleicher, Harry*

Untersuchungen zur Quellung und Lösung von Cellulose in aminhaltigen Flüssigkeitsgemischen

3. Mitt.: Beziehung der Viskosität zur rel. Molekülmasse und Molekülabmessungen von Cellulose in aminhaltigen Flüssigkeitsgemischen im Vergleich zu wäßrigen Lösungsmitteln

Faserforsch. u. Textiltechnik **23** (1972) 7, S. 286—291. 7 Abb., 5 Tab., 18 Lit.

Die Viskositätszahlen von Celluloseproben mit unterschiedlichem Durchschnittspolymerisationsgrad wurden in den bekannten wäßrigen Lösungsmitteln und in einigen wasserfreien Mischlösungsmitteln ermittelt, um Aussagen über den Lösungszustand und über die thermodynamische Güte der Lösungsmittel zu erhalten. Die Moleküldimensionen der Cellulose zeigten dabei keine prinzipiellen, sondern nur graduelle Unterschiede zwischen den wäßrigen und wasserfreien Systemen.

---

DK 677.044/.045:547.29'26:547.42:678.644:541.183

*von Hornuff, Günther* und *Heise, Martin*

Über grenzflächenaktive Eigenschaften von Fettsäurepolyglykolestern unter Berücksichtigung ihrer Anwendung als Präparationsmittel

Faserforsch. u. Textiltechnik **23** (1972) 7, S. 291—297. 9 Abb., 19 Lit.

Der Einfluß der Fettsäurekettenlänge und des Äthoxylierungsgrades technischer Fettsäurepolyglykolester auf die grenzflächenaktiven Eigenschaften dieser Substanzen wird beschrieben. Anhand von Untersuchungsergebnissen wird versucht, Zusammenhänge zwischen den Änderungen verschiedener Eigenschaften bei charakteristischen Äthoxylierungsgraden zu finden. Dabei werden Probleme, die für die Anwendung von Fettsäurepolyglykolestern als Präparationsmittel von Bedeutung sind, diskutiert.

---

DK 677.044./.045:547.29'26:678.644:543.226:543.422.4:543.422.8

*von Hornuff, Günther*, und *Heise Martin*

Einfluß des Äthoxylierungsgrades auf die Struktur von Fettsäurepolyglykolestern

Faserforsch. u. Textiltechnik **23** (1972) 7, S. 298—303. 8 Abb., 3 Tab., 9 Lit.

Bei zunehmender Äthoxylierung von Fettsäuren treten in einem engen Äthoxylierungsbereich Änderungen der Eigenschaften der Fettsäurepolyglykolester auf. Ergebnisse von Röntgen-, DTA- und IR-spektroskopischen Untersuchungen deuten darauf hin, daß die Eigenschaftsänderungen durch eine Änderung der Struktur der Fettsäuepolyglykolester bedingt sind.

---

Kurze Mitteilungen

DK 678.675'126:547.466.3'318:678.012:543.544.25.062

*Dinse, Hans-Dieter*

Erfahrungen bei der gaschromatographischen Bestimmung von $\varepsilon$-Caprolactam in Polyamid 6

Faserforsch. u. Textiltechnik **23** (1972) 7, S. 304—305. 2 Abb., 1 Tab., 2 Lit.

DK 677—042.71:677.017.272:677.017.222.2:677.053

*Martin, Heino*

Berechnungsgrundlage zum Aufstellen von Tabellen für Weiflängen und Feinheitsbereiche bei vorgegebener Strangfeinheit

Faserforsch. u. Textiltechnik **23** (1972) 7, S. 305—306. 1 Tab., 2 Lit.

FA Textilterminologie der Kammer der Technik

20. Mitt.: Kernmantelfäden, Begriffe — Kurzzeichen

21. Mitt.: Begriffe für Arbeitsgänge der Textil- und Chemiefaserstoffindustrie, Recken — Verziehen

Faserforsch. u. Textiltechnik **23** (1972) 7, S. 307—308.

---



---

Die Zeitschrift „Faserforschung und Textiltechnik“ erscheint monatlich in Heften zu 48 Textseiten im Format A 4. Der Preis für das Einzelheft beträgt M 15,– (Sonderpreis für DDR M 9,–), für den Vierteljahrbezug M 45,– (Sonderpreis für DDR M 27,–), zuzügl. Bestellgeld. Die Berechnung erfolgt zu Beginn eines Vierteljahrs für 3 Hefte. Bestellungen aus dem Gebiet der Deutschen Demokratischen Republik an ein Postamt, eine Buchhandlung oder den Verlag, aus der Deutschen Bundesrepublik an eine Buchhandlung oder die Auslieferungsstelle Kunst und Wissen, Erich Bieber, 7 Stuttgart 1, Wilhelmstraße 4–6, aus dem Ausland an eine Importbuchhandlung, den Deutschen Buch-Export und -Import GmbH., 701 Leipzig, Postschließfach 276, oder den Akademie-Verlag GmbH., 108 Berlin, Leipziger Str. 3–4 (Fernruf: 220441: Telex-Nr. 0112020: Postscheckkonto 35021) erbeten. Bestellnummer dieses Heftes: 1014/23/7. Alleinige Anzeigenannahme DEWAG-WERBUNG, 1054 Berlin, Wilhelm-Pieck-Str. 49, und alle DEWAG-Betriebe in den Bezirksstädten der DDR. – Bestellungen in der UdSSR nehmen entgegen: Städtische Abteilungen von „SOJUZPECHATJ“ bzw. Postämter und Postkontore.

Herausgeber und verantwortlich für den Inhalt: Prof. Dr. Erich Correns, Institut für Faserstoff-Forschung der Deutschen Akademie der Wissenschaften zu Berlin, 153 Teltow-Seehof, Fernruf: Teltow 4831; Prof. Dr.-Ing. habil. Wolfgang Bobeth, Institut für Technologie der Fasern der Deutschen Akademie der Wissenschaften zu Berlin, 801 Dresden, Hohe Str. 6, Fernruf: 44721; Prof. Dr.-Ing. Hans Böhringer, Institut für Textiltechnologie der Chemiefasern Rudolstadt, Fernruf: Rudolstadt 2031; Prof. Dr. Hermann Klare, Prof. Dr. habil. Burkart Philipp und Dr. habil. Christian Ruscher, Institut für Faserstoff-Forschung der Deutschen Akademie der Wissenschaften zu Berlin, 153 Teltow-Seehof, Fernruf: Teltow 4831. Schriftleiter: Joachim Brämer und Dipl.-Chem. Ingeborg Ruscher, 153 Teltow-Seehof, Kantstr. 55. Verlag: Akademie-Verlag GmbH., 108 Berlin, Leipziger Str. 3–4. Satz und Druck: Druckhaus „Maxim Gorki“, 74 Altenburg. – Veröffentlicht unter der Lizenznummer 1280 des Presseamtes beim Vorsitzenden des Ministerrates der Deutschen Demokratischen Republik.

Faserforschung und Textiltechnik

WISSENSCHAFTLICH-TECHNISCHE ZEITSCHRIFT FÜR DIE CHEMIEFASER- UND TEXTILINDUSTRIE

Band 23 Juli 1972 Heft 7

# Kräuselung von Bikomponentenfasern, Auftreten und Verteilung von Kräuselungsumkehrpunkten sowie deren Einfluß auf die Kraft-Dehnungs-Kurve der Fasern

*Giorgio Ronca und Ennio Sorta*

*ARS, Milano, und SNAM PROGETTI, S. Donato Milanese, Italien*

DK 677.4[Bikomp.]: 677.022.78:677.861.8:677.016:677.017.2:677.017.4

Kräuselungsumkehrungen in gekräuselten Bikomponentenfasern werden untersucht. Ein Ausdruck für ihre mittlere Häufigkeit und statistische Verteilung wird gewonnen und ihr Einfluß in Verbindung mit Belastungsversuchen untersucht. Über eine experimentelle Überprüfung hinsichtlich der statistischen Verteilung der Kräuselungsumkehrpunkte wird berichtet.

*Извитость бикомпонентных волокон, возникновение и распределение точек обратимости извитости и их влияние на характер кривой усилиерастяжение*

Исследовалась обратимость извитости и бикомпонентных волокон. Было выведено уравнение для средней частоты обратимости и ее статистического распределения и изучено его влияние в связи с опытами на прочность. Приводятся результаты экспериментальной проверки статистического распределения точек обратимости.

*Crimp of Bicomponent Fibres, Occurence and Distribution of Crimp Reversal and its Effect on the Stress-Strain Properties*

Helix reversals in crimped bicomponent fibres have been investigated. An expression for average density and statistical distribution of helix reversal is established and related to the stress-strain properties. The experimental verification of the statistical distribution of helix reversal points is described.

## *1. Einleitung*

In einer vorhergehenden Veröffentlichung [1] leiteten wir eine neue Theorie für die Kraft-Dehnungs-Kurven von gekräuselten Fasern ab, die es ermöglicht, eine endliche Entkräuselungskraft als Folge der Faserdehnbarkeit vorauszusagen. Weiterhin wurde eine Theorie für die Voraussage des tatsächlichen Wertes des Krümmungsradius als Funktion der geometrischen und mechanischen Parameter entwickelt. Als Grundlage für beide Theorien wurde angenommen, daß eine gekräuselte Faser als vollkommen gleichmäßige Schraubenfeder betrachtet werden kann. Experimentelle Beobachtungen bestätigen diese Hypothese nicht ganz, indem häufig und oft fast gleichmäßig verteilt Unregelmäßigkeiten auftreten.

Diese Unregelmäßigkeiten haben einen beachtlichen Einfluß auf das Kraft-Dehnungs-Verhalten der gekräuselten Fasern; die Art ihres Auftretens kann nur mit den thermischen Entwicklungsbedingungen in Zusammenhang gebracht werden.

Die vorliegende Arbeit behandelt Kräuselungsumkehrungen, wie und warum sie auftreten und welchen Einfluß sie auf die Kraft-Dehnungs-Kurven haben.

## *2. Auftreten der Kräuselungsumkehrpunkte*

Beim Schrumpfen der beiden Komponenten einer Bikomponentenfaser nimmt die Faser normalerweise die Gestalt einer zylindrischen Schraubenlinie an. Jedoch ist festzustellen, daß diese Schraubenlinie sich sehr häufig in ihrer Gleichmäßigkeit ändert. Umkehrstellen, die als angenähert kreisförmige Segmente zwei Schraubenlinienbereiche mit spiegelgleichem Anstieg glatt verbinden, liegen vor. Selbst ohne exakte Kenntnis der mechanischen Gründe für ihr Auftreten sind wir in der Lage, die geometrische Charakteristik der Umkehrsegmente quantitativ vorauszusagen.

Der Winkel zwischen jedem Schraubenliniensegment und der Faserachse soll $v$ sein (vgl. Bild 1), $p_0$ die normierte spezifische Krümmung der Schraubenlinie und $p_0'$ die normierte Krümmung des Umkehrsegments ($p_0$ und $p_0'$, ausgedrückt in Einheiten von $1/a$; $a$ = Radius des Faserquerschnitts). Um eine Beziehung zwischen $p_0$ und $p_0'$ herzustellen, wird das Minimum für die in einem Umkehrsegment enthaltene elastische Energie aufgesucht. Diese Energie besteht aus den beiden unabhängigen Anteilen für

1. fehlende Kräuselung und
2. Biegung in einer Ebene, die senkrecht zu der lokalen Ebene der natürlichen Kräuselung steht.

Unter Beachtung dessen kann die Länge des Umkehrsegmentes wie folgt geschrieben werden:

$$Y = \frac{2 \cdot v \cdot a}{p_0'}. \tag{1}$$

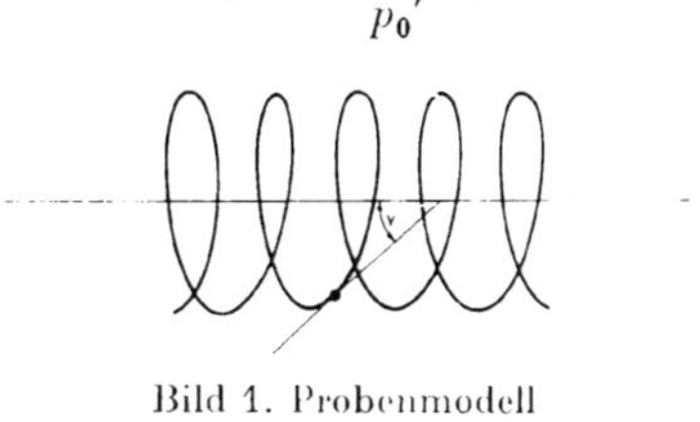

Bild 1. Probenmodell

Für die vollständige elastische Energie erhält man

$$V = \left(\frac{1}{2}\,\tilde{R}_f \pi a^2 p_0^2 + \frac{1}{2}\,\tilde{R}_f' \pi a^2 p_0'^2\right)\frac{2v.a}{p_0'}, \qquad (2)$$

wobei $\tilde{R}_f$ und $\tilde{R}_f'$ die Biegesteifigkeiten der Faser bei Biegung in der Krümmungsebene und der dazu senkrechten Ebene bei den jeweiligen thermischen Entwicklungsbedingungen der Faser sind. Wird das Verhältnis $\tilde{\alpha} = \tilde{R}_f'/\tilde{R}_f$ eingeführt und das Minimum von (2) bezüglich $p_0'$ aufgesucht, so erhält man

$$p_0' = p_0 \frac{1}{\sqrt{\tilde{\alpha}}}. \qquad (3)$$

Dies bedeutet, daß der Krümmungsradius des Umkehrsegments von der gleichen Größenordnung wie der Radius der Schraubenlinie sein muß, da $\tilde{\alpha} \approx 1$. Diese Aussage steht ganz in Übereinstimmung mit experimentellen Beobachtungen. Im Hinblick auf die spätere Verwendung formulieren wir die Größe der in einem Umkehrsegment gespeicherten elastischen Energie. Aus (2) und (3) erhält man

$$V_r = 2\pi a^3 p_0 \tilde{R}_f v \sqrt{\tilde{\alpha}}. \qquad (4)$$

### 3. *Mittlere Häufigkeit und statistische Verteilung der Umkehrpunkte längs einer gekräuselten Faser*

Um die mittlere Häufigkeit der Umkehrpunkte vorauszusagen, kann man eine Grenzbedingung für das Auftreten der Umkehrungen formulieren. Wir nehmen an, daß eine Kräuselungsfront beispielsweise von unten längs einer Faser, deren Rotieren an beiden Enden verhindert ist, voranschreitet. Wenn die Kräuselungsfront dabei zu vermehrter Schlingenbildung führt, wird der noch gerade Faserteil einer steigenden Torsion unterworfen. Wenn die gespeicherte Torsionsenergie gleich groß der Energie $V_r$ (4) ist, können Umkehrungen der Schraubenlinienform auftreten.

In der Praxis ergibt die vorgenannte Bedingung nur eine mittlere Häufigkeit der Umkehrpunkte. Ist $l^*$ die freie Länge des noch geraden Faserteils in einem bestimmten Zeitpunkt des Kräuselungsprozesses und $n$ die kritische Zahl der Windungen, so beträgt die dabei vorliegende Torsionsenergie

$$V_t = \frac{1}{2}\,\tilde{R}_t \pi a^4 \left(\frac{2\pi n}{l^*}\right)^2 l^*. \qquad (5)$$

Die oben diskutierten Grenzbedingung lautet dann:

$$n = \frac{1}{\pi}\sqrt{v \cdot p_0 \cdot \tilde{s} \cdot \frac{l^*}{a}\sqrt[4]{\tilde{\alpha}}}, \qquad (6)$$

wobei $\tilde{s}$ das Verhältnis der Biegesteifigkeit $\tilde{R}_f$ zur Torsionssteifigkeit $\tilde{R}_t$ ist.

Wenn man einsetzt

$$\sqrt[4]{\alpha} \approx 1, \quad l^* \approx 10\ \text{cm}, \quad a \approx 10^{-3}\ \text{cm},$$
$$p_0 = 2 \cdot 10^{-2}, \quad v = 0{,}4\ \text{rad}, \quad \tilde{s} = 2,$$

so erhält man $\dot{n} = 4$ Windungen.

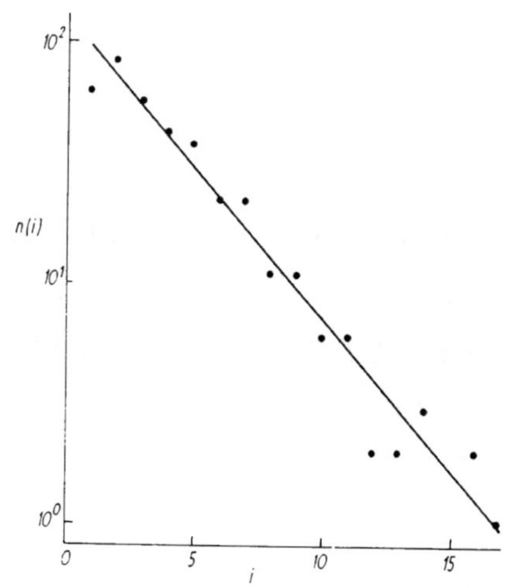


Bild 2. Experimentelle Verteilung der Windungssegmente in Abhängigkeit von der Windungsanzahl

Experimentelle Ergebnisse an 10 cm langen Fasern stimmten qualitativ mit dieser Voraussage überein.

Weiterhin besagt Gleichung (6), daß der zuletzt gekräuselte Faserteil wegen der reduzierten freien Länge $l^*$ eine größere Anzahl von Umkehrpunkten enthalten muß. Auch diese Aussage ließ sich qualitativ bestätigen.

Wir nehmen an, daß Kräuselungsumkehrungen als stochastische Ereignisse anzusehen sind, deren mittlere Häufigkeit feststeht. Unter dieser Annahme liefern verfügbare Theorien für stochastische Phänomene [2] eine Verteilungsfunktion für die Windungspakete in Abhängigkeit von der Windungsanzahl:

$$n(i) = \frac{1}{i_m - 1}\left(\frac{i_m - 1}{i_m}\right)^i. \qquad (7)$$

Dabei ist $i$ die Anzahl der Windungen je Paket und $i_m$ die mittlere Windungsanzahl je Paket (wie in Gleichung (6) berechnet). Die Verteilungsfunktion (7) ist auf 1 normiert.

Experimentelle Ergebnisse an einer Probe aus 10 cm langen Fasern sind in Bild 2 in logarithmischer Darstellung aufgezeichnet. Die Kurve wird durch eine Gerade sehr gut angenähert und entspricht somit Gleichung (7).

### 4. *Einfluß der Umkehrpunkte auf die Kraft-Dehnungs-Kurve gekräuselter Fasern*

Die Kraft-Dehnungs-Kurve einer schraubenförmigen Feder ist in [1] enthalten. Um dem praktischen Interesse gerecht zu werden, muß die Methode so modifiziert werden, daß der Einfluß von Umkehrsegmenten mit erfaßt werden kann.

Wir betrachten einen Abschnitt einer gekräuselten Faser der Länge $L_0^*$, der Pakete regelmäßiger Schraubenlinienwindungen und Umkehrsegmente enthält. $L_0$ sei die Länge aller Windungssegmente und $L_0'$ die Länge aller Umkehrsegmente. Dann ist

$$L_0^* = L_0 + L_0'. \qquad (8)$$

Beim Auftreten einer Zugspannung seien die entsprechenden Längen $L^*$, $L$ und $L'$. Für diesen Fall lautet das Gesamt-Dehnungsverhältnis

$$\frac{L^*}{L_0^*} = \frac{L + L'}{L_0 + L_0'}. \tag{9}$$

Durch Einführen der Größe $h = L_0'/L_0$, die ein Maß für die Häufigkeit der Umkehrpunkte ist, erhält Gleichung (9) eine geeignetere Form:

$$\frac{L^*}{L_0^*} = \frac{\frac{L}{L_0} + h \cdot \frac{L'}{L_0'}}{1 + h}. \tag{10}$$

Unter der Annahme, daß die Faser nicht dehnbar ist, ergibt sich für das maximale Dehnungsverhältnis:

$$\left(\frac{L^*}{L_0^*}\right)_{\max} = \frac{\left(\frac{L}{L_0}\right)_{\max} + h\left(\frac{L'}{L_0'}\right)_{\max}}{1 + h}.$$

Es lassen sich leicht folgende Beziehungen finden:

$$\left(\frac{L}{L_0}\right)_{\max} = \frac{1}{\cos v}, \tag{11}$$

$$\left(\frac{L'}{L_0'}\right)_{\max} = \frac{v}{\sin v}. \tag{12}$$

Daraus erhält man

$$\left(\frac{L^*}{L_0^*}\right)_{\max} = \frac{1}{\cos v} \cdot \frac{1 + h \cdot v \cdot \operatorname{ctg} v}{1 + h}. \tag{13}$$

Für jedes $h$ und $v \neq 0$ bleibt der Ausdruck (13) kleiner als (11). Wir können ganz allgemein feststellen, daß Kräuselungsumkehrungen die maximale Dehnung einer gekräuselten Faser vermindern, womit die Steifigkeit anwächst. Eine Kraft-Dehnungs-Kurve für eine Faser mit Umkehrpunkten kann nach Gleichung (10) konstruiert werden, sobald es möglich ist, eine Beziehung zwischen $L/L_0$, $L'/L_0'$ und der jeweiligen Belastung aufzustellen. Ergebnisse für $L/L_0$ wurden bereits [1] dargelegt.

Es soll nun der Zusammenhang zwischen angewandter Belastung und dem Dehnungsverhältnis für die Umkehrsegmente $L'/L_0'$ diskutiert werden. Umkehrsegmente sind praktisch, wie bereits gesagt, Kreisbogen. Wir nehmen an, daß die Belastung daran nichts ändert und lediglich den Krümmungsradius beeinflußt.

Mit der normierten Krümmung $p_0'$ des unbelasteten Segments ergibt sich dessen Länge, wie bereits ausgeführt, zu

$$Y = \frac{2 \cdot v \cdot a}{p_0'}.$$

Bei Belastung erhält das Segment eine neue Krümmung $p'$, so daß elastische Energie angereichert wird. Für den Fall der Nichtdehnbarkeit der Faser erhält man für diese Energie

$$V_E = \frac{1}{2}\,\alpha R_f \pi a^2 (p' - p_0')^2 \cdot \frac{2 \cdot va}{p_0'}. \tag{14}$$

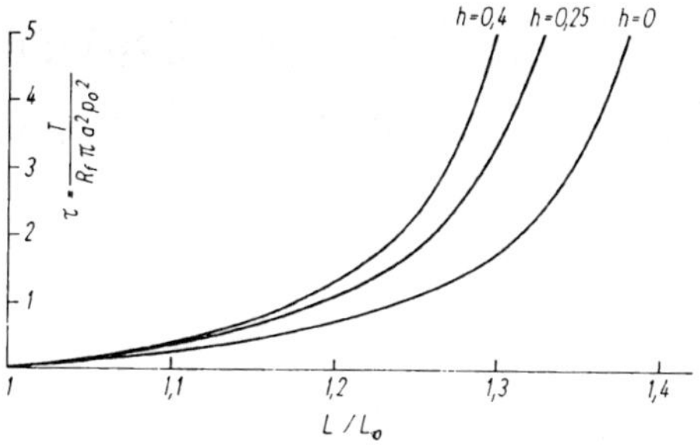


Bild 3. Normierte Kraft-Dehnungs-Kurve für verschiedene Werte der Umkehrpunkt-Häufigkeit

Dabei ist $\alpha = R_f'/R_f$, $R_f'$ und $R_f$ haben die gleiche Bedeutung wie die schon genannten Größen $\tilde{R}_f'$ und $\tilde{R}_f$, beziehen sich jedoch auf die Bedingungen des Belastungsversuchs an der Faser. Zur Größe $V_E$ muß noch ein Beitrag addiert werden, der die potentielle Energie der angewandten Belastung $T$ erfaßt:

$$V_p = -\frac{2aT}{p'} \sin\left(\frac{vp'}{p_0'}\right). \tag{15}$$

Unter Verwendung von

$$\frac{p'}{p_0'} = J, \quad \tau = \frac{T}{R_f \cdot \pi \cdot a^2 \cdot p_0^2}, \quad \delta = \frac{\alpha p_0'^2}{2 p_0^2}$$

erhält man für die Gesamtenergie

$$V \sim (1 - J)^2 - \frac{\tau}{\delta} \cdot \frac{\sin vJ}{vJ}. \tag{16}$$

Für einen bestimmten Wert von $\tau$ und $J$ muß $p'$ durch Aufsuchen des Minimums von Gleichung (16) ermittelt werden. Dies kann nicht analytisch, leicht aber auf numerischem Wege erreicht werden. Setzt man $\delta = 1/2$, $\alpha = 2$, $v = \pi/4$ ein, so erhält man Kraft-Dehnungs-Kurven für gekräuselte Fasern, wie sie in Bild 3 für $h = 0$, 0,25 und 0,40 aufgezeichnet sind.

## 5. *Schlußbemerkungen*

Die meisten der theoretischen Aussagen dieser Arbeit weisen eine qualitative Übereinstimmung mit experimentellen Beobachtungen auf. Eine gute quantitative Übereinstimmung ergab sich hinsichtlich der statistischen Verteilung der Kräuselungs-Umkehrpunkte. Daraus kann man ableiten, daß der mittlere Abstand zwischen Umkehrpunkten tatsächlich mechanisch bedingt ist.

Die restlichen Aussagen der abgeleiteten Theorien werden in einer späteren Arbeit noch genauer überprüft.

## *Danksagung*

Wir danken Herrn Dr. *W. Conti* für hilfreiche Diskussionen und ständige Unterstützung.

## *Literatur*

[1] *Ronca, G.,* und *Sorta, E.:* Ein Beitrag zur Theorie der Faserkräuselung. Faserforsch. u. Textiltechnik **23** (1972) 2, S. 55–60.

[2] *Parzen, E.:* Stochastische Prozesse. S. Francisco: Holden-Day Inc. 1962.

*Eingegangen am 24. November 1971*

# Der Einsatz der Gas/Flüssig-Chromatographie zur Kontrolle des Produktionsprozesses von Polyäthylenterephthalatfaserstoffen

*Hans Nestler*

*VEB Chemiefaserwerk „Friedrich Engels", Premnitz, Direktionsbereich Forschung und Entwicklung*

DK 677.494.674'524'420:677.014.27:677.017:677.019.5:543.544.45

Anwendungsmöglichkeiten der Gas/Flüssig-Chromatographie zur Rohstoff- und Prozeßkontrolle und für die Charakterisierung des Endproduktes werden gezeigt. Dabei werden bekannte Methoden kritisch betrachtet und durch eine Reihe eigener Untersuchungen ergänzt, deren Ergebnisse in kurzer Form mitgeteilt werden.

*Применение газово-жидкостной хроматографии для контроля процесса производства полиэтилентерефталатного волокна*

Показаны возможности применения газово-жидкостной хроматографии для контроля исходного сырья и производственного процесса, а также для охарактеризования готовой продукции. Критическое обсуждение известных методов дополнено рядом собственных опытов. Приведены полученные при этом результаты.

*Gas-liquid Chromatographic Control of the Production Process of Polyethylene Terephthalate Fibres*

The possibilities of applying gas-liquid chromatography in the control of raw material, production processes and end products are demonstrated. Critical considerations of known methods are followed by the description of investigations performed by the authors. The results obtained are outlined.

Die Herstellung von Faserstoffen aus Polyäthylenterephthalat (PÄT) erfuhr in den letzten Jahren die größte Zuwachsrate der wichtigsten Synthesefaserstoffe. Diese gegenwärtig noch anhaltende Entwicklung ist begleitet von einem Trend zur Errichtung großer, kontinuierlich arbeitender Produktionseinheiten auf der Basis von Terephthalsäure oder Dimethylterephthalat, da diese die besten Möglichkeiten zur Automatisierung bieten und ein einheitlicheres Endprodukt bei konstanter Fahrweise liefern [1, 2]. Gleichzeitig steigen jedoch auch die Anforderungen an die Reinheit der Rohstoffe. Dies erforderte eine umfassendere und detailliertere Rohstoffkontrolle, in der die Gas/Flüssig-Chromatographie (GC) eine zunehmende Bedeutung erlangte. Außer der Rohstoffkontrolle bieten sich Möglichkeiten des Einsatzes dieses physikalisch-chemischen Analysenverfahrens zur Prozeßkontrolle, da Simultanbestimmungen an Mehrkomponentengemischen durchgeführt werden können.

Die im folgenden gezeigten Anwendungsbeispiele beziehen sich sowohl auf das Umesterungs- als auch auf das Direktveresterungsverfahren. Wegen der großen Bedeutung des Umweltschutzes wurden auch gaschromatographische Untersuchungsverfahren für Abwässer und Raumluft von PÄT-Fasern erzeugenden Betrieben entsprechend berücksichtigt.

## 1. *Rohstoffanalytik*

### 1.1. *Monoäthylenglykol*

Infolge des ungünstigen Einflusses von in PÄT eingebauten Diäthylenglykolanteilen auf die Licht- und Oxydationsbeständigkeit sowie die Trage-, Wasch- und Färbeeigenschaften der daraus erzeugten Fasern [3, 4] setzt man heute im wesentlichen Monoäthylenglykol mit Diäthylenglykolgehalten $< 0{,}04$ Masse% ein. Die Gütekontrolle des eingesetzten Monoäthylenglykols hinsichtlich des Diäthylenglykol-Gehaltes wird seit einigen Jahren praktisch ausnahmslos gaschromatographisch durchgeführt. Von einer Vielzahl von Autoren wurden für dieses analytische Problem eine Reihe verschiedener Trennmaterialien vorgeschlagen [5, 6, 7]. Als gut geeignet wurden u. a. Carbowax 20 M und Porapak Q befunden. Wir benutzen für die ständige Kontrolle des Monoäthylenglykols eine 1 m-Porapak Q-Säule bei 190 °C. In Verbindung mit einem Wärmeleitfähigkeitsdetektor können 0,1 Masse% Diäthylenglykol noch sicher bestimmt werden.

Der Wassergehalt wird dabei gleichzeitig bis zu einer unteren Grenze von 0,05 Masse% bei einem Variationskoeffizienten von 12% mitbestimmt.

Das genannte Trennmaterial ist sehr gut temperaturbeständig und besonders für den Dauerbetrieb geeignet.

Zur GC-Untersuchung von zurückgewonnenem Monoäthylenglykol verwenden wir eine 1,5 m Trennsäule mit 15% hydroxyäthyliertem Hexamethylendiamin auf Porolith bei 170 °C [8]. Auf Grund der Selektivität dieser Säule können damit neben Diäthylenglykol und Wasser auch geringe Methanolmengen simultan quantitativ erfaßt werden (Bild 1). Die untere Bestimmungsgrenze (0,05 Masse%)

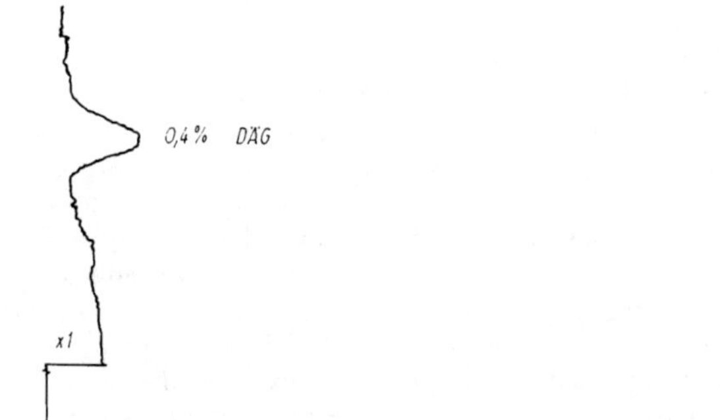


Bild 1. GC-Analyse eines verunreinigten Äthylenglykols Trennsäule: 1,5 m 15% hydroxiäthyliertes Hexamethylendiamin auf Porolith, 170 °C, Trägergas 160 ml/min $H_2$, Probemenge 40 µl

und auch die Reproduzierbarkeit ($S = \pm 0{,}05\%$, absolut für den Bereich von 0,1 bis 1,0 Masse%) sind für Diäthylenglykol, Wasser und Methanol praktisch gleich.

Der Einsatz von Flammenionisationsdetektoren anstelle von Wärmeleitdetektoren für die Reinheitskontrolle des Monoäthylenglykols bringt den Vorteil einer niedrigeren unteren Bestimmungsgrenze für Diäthylenglykol ($\leq 0{,}01\%$). Nachteilig ist jedoch dabei, daß der Wassergehalt gesondert maßanalytisch ermittelt werden muß.

### *1.2. Dimethylterephthalat*

Die GC-Trennung der isomeren Benzoldicarbonsäuremethylester untersuchte *R. Komers* ausführlich [9].

Er erzielte mit Tetrakis-O-(2-cyanäthyl)pentaerythrit als flüssiger Phase die beste Trennung der drei isomeren Ester. Die genannte Trennflüssigkeit ist zwar sehr selektiv (Bild 2), jedoch nicht genügend temperaturbeständig, so daß sie in Verbindung mit empfindlichen Flammenionisationsdetektoren bei der erforderlichen Arbeitstemperatur von mindestens 195 °C nicht eingesetzt werden kann. In Verbindung mit einem Wärmeleitfähigkeitsdetektor konnten wir im günstigsten Falle 1% Isophthalsäuredimethylester und 0,3% Phthalsäuredimethylester im DMT nachweisen.

Auch das von *Ratusky* und *Bastar* [10] für die GC-Trennung der Methylester der isomeren Benzoldi- und -tricarbonsäuren empfohlene 1.2.3.4.-Tetra-[2-cyanoäthoxy]-butan und die von *Mori* und *Takeuchi* [11] benutzten Polyamid-Flüssigphasen kommen für die Bestimmung von Spuren Phthalsäure- und Isophthalsäuredimethylester in DMT kaum in Betracht.

Zur Bestimmung kleiner Mengen Benzoesäuremethylester und p-Toluylsäuremethylester in Dimethylterephthalat sind keine besonders selektiven Trennflüssigkeiten erforderlich.

Mit einer Polypropylenglykolsäule erhielten wir z. B. bei 185 °C eine zufriedenstellende Trennung (Bild 3). Die Probe wurde als Dimethylformamidlösung aufgegeben. Folgende Vorbereitung der Probelösung erwies sich als günstig:

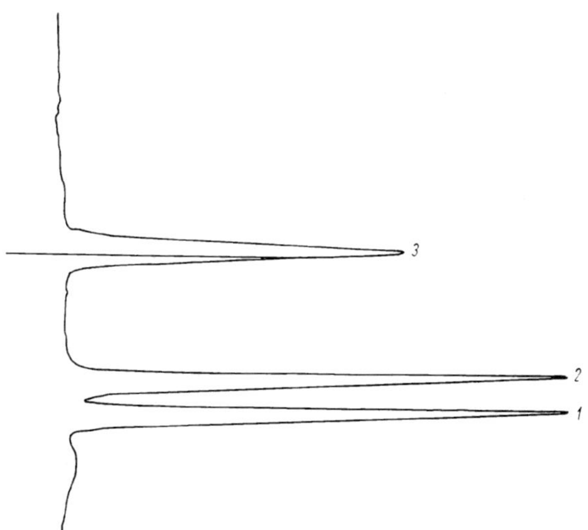


Bild 2. GC-Trennung der Benzoldicarbonsäuredimethylester
Trennsäule: 4 m 25% cyanäthylierter Sorbit auf Sterchamol (⌀ 4 mm) 195 °C, 130 ml/min $H_2$, Probenmenge 30 µl einer jeweils 10%igen $CHCl_3$-Lösung
1. DMT 2. DMIP 3. DMP

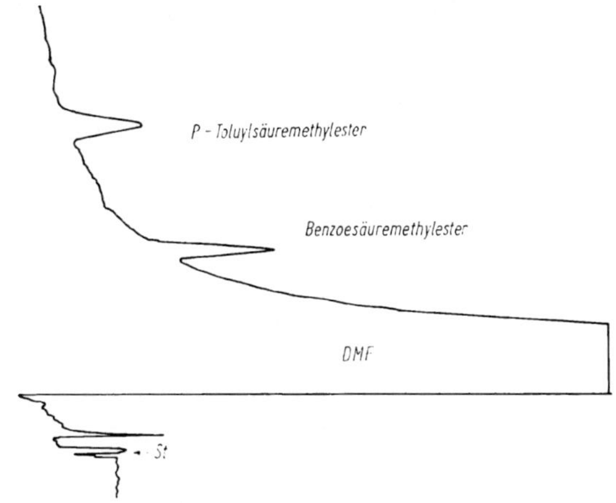


Bild 3. GC-Bestimmung kleinerer Mengen Benzoesäuremethylester und p-Toluylsäuremethylester in Terephthalsäuredimethylester
Trennsäule: 2 m 12% Ucon HB auf Porolith (⌀ : 4 mm) 185 °C
Einspritzblocktemp.: 270 °C, Trägergas: 60 ml/min $N_2$
Probenmenge: 2 µl einer ca. 10%-igen DMF-Lösung

50,00 g Dimethylterephthalat werden in 100 ml reinem Dimethylformamid (DMF) unter Erwärmen vollständig gelöst. Nach dem Erkalten wird das auskristallisierte Dimethylterephthalat abgesaugt und mit 30 bis 40 ml DMF gewaschen. Die filtrierte Lösung und das Wasch-DMF werden mit DMF zu 150 ml ergänzt. Für die GC-Analyse werden 2 µl verwendet.

Bei Einhaltung der angegebenen Analysenbedingungen wurde eine untere Bestimmungsgrenze von 0,01% für beide Ester erzielt. Die Standardabweichung wurde für Gehalte von 0,04% zu $S = 0{,}003\%$ festgestellt.

Bei Anwendung eines größeren Probevolumens für die GC-Analyse konnten noch 0,005% nachgewiesen werden.

Die Auswertung der Chromatogramme erfolgte mit der Methode der äußeren Eichung bei konstanter Probemenge.

### *1.3. Terephthalsäure*

Die GC-Analyse von Gemischen freier Carbonsäuren ist mit größeren Schwierigkeiten verbunden als die der Carbonsäuremethylester. Die Ursachen liegen einmal in der geringeren Flüchtigkeit der freien Säuren und zum anderen vor allem in der leichten Adsorbierbarkeit durch den festen Träger. Der Einsatz von Flüssigphasen mit einem relativ großen Gehalt an freier $H_3PO_4$ löst dieses Problem jedoch weitgehend. Nach *Witte* und *Rasse* [12] können mit derartigen Säulen unter bestimmten Arbeitsbedingungen auch als Verunreinigungen in Terephthalsäure vorliegende freie Carbonsäuren quantitativ gaschromatographisch bestimmt werden. Vorteilhaft ist dabei die Aufgabe der Proben als DMF-Lösung. Die zitierten Autoren geben als Voraussetzung für die Durchführbarkeit dieser Analyse ein Vollglas-Trennsäulensystem an.

Uns stand eine derartige Möglichkeit nicht zur Verfügung. Wir stellten jedoch fest, daß mit einem Gaschromatographen der Type GCHF 18/3 und Stahlsäulen das Problem auch gelöst werden kann, obwohl natürlich die in der zitierten Arbeit [12] erzielten Nachweisgrenzen nicht erreicht werden.

Durch den Einsatz einer relativ großen Menge Terephthalsäure und entsprechender Anreicherung der Verunreinigungen konnte eine untere Bestimmungsgrenze für Benzoesäure und p-Toluylsäure von jeweils 0,005 Masse% erzielt werden, während die o- und m-Benzoldicarbonsäuren auf diese Weise nicht erfaßt werden können.

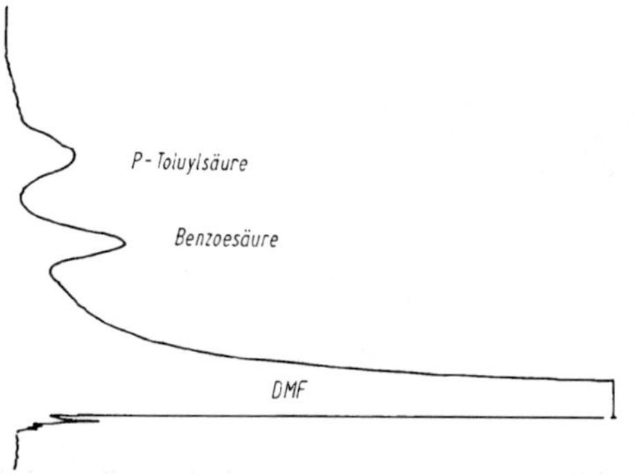


Bild 4. GC-Bestimmung kleiner Mengen Benzoesäure und p-Toluylsäure in Terephthalsäure

Trennsäule: 1 m 10% Polyäthylenglykoladipinat + 4% $H_3PO_4$ auf Porolith (⌀ : 4 mm), 195 °C, Einspritzblocktemp.: 335 °C, Trägergas 70 ml/min $N_2$, Probenmenge: 0,9 µl

Die Arbeitsbedingungen sind im Detail Bild 4 zu entnehmen. Die Standardabweichung wurde für Gehalte von 0,02 Masse% zu $S_{11}$ = 0,003% ermittelt. Durch Anwendung eines Probevolumens von 3 bis 4 µl für die GC-Untersuchung konnten noch 20 ppm Benzoesäure bzw. p-Toluylsäure qualitativ nachgewiesen werden. Zur Anreicherung der Benzoesäure- und p-Toluylsäure-Spuren erwies sich folgende Verfahrensweise als geeignet:

50 ± 0,1 g Terephthalsäure werden in einem 1-l-Rundkolben in 350 ml siedendem DMF gelöst. Die beim Abkühlen auskristallisierte Terephthalsäure wird abgesaugt und die Mutterlauge destillativ auf ein Restvolumen < 50 ml eingeengt. Nach dem Absaugen der erneut abgeschiedenen Terephthalsäure wird das hierbei erhaltene Filtrat mit DMF auf 50 ml aufgefüllt. Das Waschen der abgeschiedenen Terephthalsäure erfolgt mit kleinen DMF-Portionen.

### 1.4. *Hilfsstoffe*

Die GC ist speziell auch für Reinheitskontrolle von Aminen vorteilhaft einsetzbar, die neuerdings häufig als Inhibitoren der Diäthylenglykol-Bildung benutzt werden. Dabei können sowohl organische Verunreinigungen, die dem Herstellungsprozeß entstammen, als auch der Wassergehalt bestimmt werden.

Als Trennflüssigkeiten eignen sich besonders Polyäthylenglykole mit einem Zusatz an KOH oder höhermolekulare hydroxyäthylierte Diamine.

## 2. *Betriebskontrolle*

### 2.1. *Brüden der Direktveresterung*

Neben den Hauptkomponenten Monoäthylenglykol und Wasser enthalten die Brüdenkondensate der Direktveresterung von Terephthalsäure als flüchtige Verunreinigungen Nebenprodukte, die bei den anzutreffenden Reaktionstemperaturen gebildet werden: Acetaldehyd, Acetaldehyd-äthylenglykolacetal (2-Methyldioxolan) und Diäthylenglykol. Außerdem sind gegebenenfalls Amine, die als Katalysatoren eingesetzt worden sind, enthalten. Der Gehalt an Diäthylenglykol kann unter den gleichen Bedingungen bestimmt werden, die in Abschnitt 1.1 für die GC-Untersuchung von redestilliertem Monoäthylenglykol angegeben werden. Zur Auswertung empfiehlt es sich jedoch, eine äußere Eichung der Diäthylenglykol-Peakflächen oder eine Methode des inneren Standards anzuwenden, da die

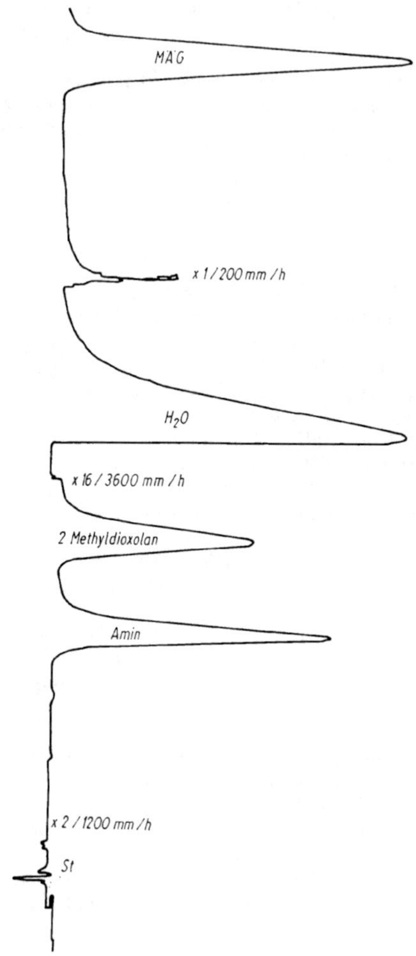


Bild 5. GC-Trennung der Inhaltsstoffe eines Brüdens der Veresterung von Terephthalsäure

Trennsäule: 1 m 20% hydoxyläthyliertes Hexamethylendiamin auf Porolith (⌀: 6 mm), 130 °C, Trägergas 140 ml/min $H_2$, Probenmenge: 5 µl

relativ hohen Wassergehalte dieser Proben eine ungenügende Reproduzierbarkeit der Meßergebnisse bei Anwendung der Flächensummenmethode bedingen.

2-Methyldioxolan, Amin-Komponente, Wasser und Monoäthylenglykol werden bei 130 °C ebenfalls durch die oben erwähnte hydroxyäthylierte Hexamethyldiaminsäule getrennt (Bild 5), so daß unter Berücksichtigung des getrennt ermittelten Diäthylenglykol-Gehaltes auf diese Weise eine vollständige GC-Analyse der flüchtigen Produkte des Brüdens — ausschließlich freiem Acetaldehyd — erhalten werden kann.

Zur quantitativen Bestimmung von Aminkomponenten im Brüden muß die zur Untersuchung gelangende Probe mittels festem Alkalihydroxid alkalisch gestellt werden.

### 2.2. *Nebenprodukte der Glykolrückgewinnung*

Bei der Rückgewinnung von Monoäthylenglykol bei der Polyäthylenterephthalat-Herstellung nach dem Umesterungsverfahren fallen bei der Rektifikation komplexe Gemische an, die neben Methanol, Wasser und Acetaldehyd auch die Acetale des letzteren mit Glykol und Methanol enthalten.

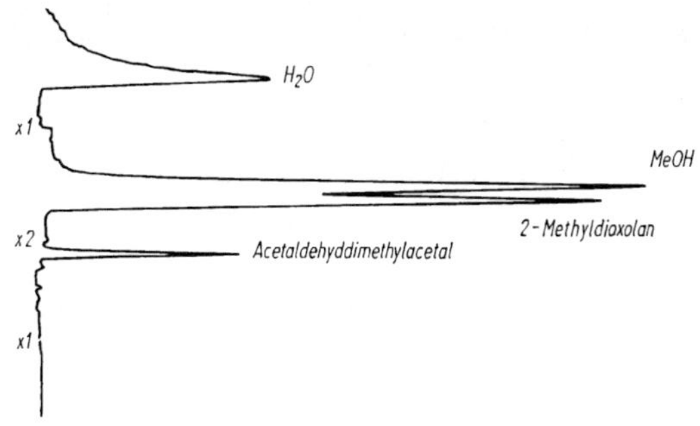


Bild 6. GC-Trennung von Nebenprodukten der Glykolrückgewinnung
Trennsäule: 2 m 20% hydroxyläthyliertes Hexamethylendiamin auf Porolith (∅ 6 mm), 80 °C, Trägergas: 80 ml/min $H_2$, Probenmenge: 5 µl

Zur Kontrolle der Rektifikation ist die GC auch hier vorteilhaft einsetzbar, da simultan alle flüchtigen Komponenten erfaßt werden können.

Hydroxyäthylierte Aminsäulen waren auch für dieses Trennproblem gut geeignet, da sie einmal wegen ihrer großen Hydrophilie unempfindlich gegen große Wassermengen sind und zum anderen Restaktivitäten des Trägers durch den Amin-Charakter der Trennflüssigkeit selbst beseitigt werden (Bild 6).

### 3. *Polyäthylenterephthalat*

#### 3.1. *Bestimmung des Diäthylenglykol-Gehaltes*

Nach *Hovenkamp* und *Munting* [13] wird bei der Umesterung von DMT bzw. der Veresterung von Terephthalsäure mit Monoäthylenglykol eine nicht unerhebliche Menge Diäthylenglykol durch eine Nebenreaktion von Glykolestergruppen mit Monoäthylenglykol gebildet. Ein Einbau dieses Glykoläthers in das Endprodukt dürfte entsprechend dem Verhältnis der Konzentrationen der vorliegenden Reaktionspartner Monoäthylenglykol und Diäthylenglykol und der Größe der Reaktionsgeschwindigkeitskonstanten erfolgen. Eine unterschiedliche Beeinflussung durch verschiedene Katalysatoren und Reaktionstemperaturen ist zu erwarten.

Wie bereits oben erwähnt, beeinflussen die in das Polyäthylenterephthalat eingebauten Diäthylenglykolanteile die Eigenschaften der daraus erzeugten Fäden unvorteilhaft. Die Kontrolle des Diäthylenglykolgehaltes von Polyäthylenterephthalat besitzt deshalb erhebliches Interesse. Die GC kann hierzu nach entsprechendem Aufschluß des Polykondensates eingesetzt werden.

Von den entwickelten Aufschlußverfahren:

Verseifung mit alkoholischer NaOH [14], Druckhydrolyse bei 250 °C [15], Druck-Methanolyse bei 200 °C [16] und Hydrazinolyse [13, 17] dürfte die Methanolyse am vorteilhaftesten sein. Bei der relativ kurzen Reaktionszeit von 2 h erhält man einen vollständigen Abbau des PÄT.

Dagegen stellten wir bei der Druckhydrolyse auch nach einer Reaktionszeit von 3 h Unvollständigkeit des Aufschlusses fest.

Die Hydrazinolyse verläuft sowohl schnell als auch quantitativ, jedoch treten insbesondere bei Veresterungsprodukten unangenehme Störungen der an-

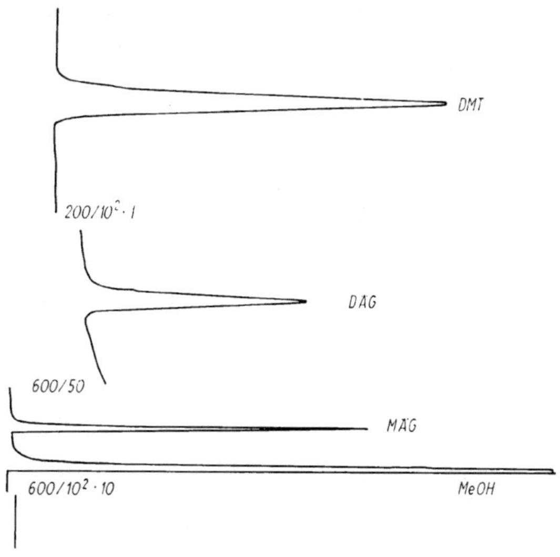


Bild 7. GC-Analyse eines Methanolyse-Aufschlusses von Polyäthylenterephthalat
Trennsäule: 1 m 15% Carbowax 20 M auf Chromosorb W-AW/DMCS (∅: 3 mm), 170 °C, Temp. des Einspritzblockes 230 °C, Trägergas 20 ml/min $N_2$, Probenmenge: 2 µl

schließenden GC-Analyse durch Terephthalsäuremonohydrazid und Hydrazoniumsalze der Terephthalsäure auf (Verstopfungen des Probenverdampfers).

Für die GC-Untersuchung der Solvolyseprodukte sind Carbowax 20 M oder Emulphor 0 auf silanisiertem Chromosorb (Bild 7) oder TEFLON, Poropak Q (13) und andere bei Temperaturen zwischen 105 und 215 °C — insbesondere bei 180 °C — geeignet. Es werden dabei praktisch ausnahmslos Flammenionisationsdetektoren verwendet.

Die quantitative Auswertung der erhaltenen Chromatogramme erfolgt bei Probemengen zwischen 0,5 und 2 µl zweckmäßigerweise nach einer Methode des inneren Standards. Als innerer Standard kommen Tetraäthylenglykoldimethyläther oder Benzylalkohol [15] in Frage. Dabei können Reproduzierbarkeiten erzielt werden, die durch einen Variationskoeffizienten von 5% gekennzeichnet sind.

#### 3.2. *Bestimmung von Methylesterendgruppen*

Bei der Herstellung von Polyäthylenterephthalat nach dem Umesterungsverfahren aus Dimethylterephthalat kann bei ungeeigneter Reaktionsführung ein Umesterungsprodukt mit einem zu großen Gehalt an Methylesterendgruppen in die Polykondensationsstufe gelangen. *Zimmermann* und *Becker* [18] wiesen eindeutig nach, daß sich in diesem Fall die Methylesterendgruppen negativ auf die Polykondensationsgeschwindigkeit auswirken und teilweise bis in das Endprodukt gelangen können. Die genannten Autoren schlagen auch eine GC-Methode zur Bestimmung dieser Methylesterendgruppen vor, die bei genügender Empfindlichkeit eine gute Reproduzierbarkeit aufweist. (Variationskoeffizienz 1,6% bei 60,3 µ Äqu./g).

Der Aufschluß des Polyäthylenterephthalats bzw. Umesterungsproduktes wird dabei mit 95%igem Hydrazinhydrat vorgenommen und das gebildete Methanol während des Aufschlusses in eine eisgekühlte Wasservorlage destilliert. Der Aufschluß erfolgt in einer speziellen Apparatur unter Stickstoff. Die GC-Endbestimmung erfolgt mit einer Porapak Q-Trennsäule mit einem Temperaturprogramm von 50 bis 100 °C und einem empfindlichen Wärmeleitfähigkeitsdetektor.

## 4. *Kontrolle der Einhaltung hygienischer Bestimmungen*

Die GC-Bestimmung von Spuren organischer Verbindungen, die zur Ausbildung von Wasserstoffbrücken besonders befähigt sind, ist im Verhältnis zu anderen organischen Verbindungen erschwert, insbesondere, wenn diese Spuren neben Wasser als Hauptkomponente vorliegen. Mit diesen Fällen haben wir es bei der Bestimmung geringer Mengen Monoäthylenglykol und toxischer Amine im Abwasser von Polyäthylenterephthalat erzeugenden Betrieben zu tun. Auch die Bestimmung dieser genannten Stoffe als Luftverunreinigungen führt zu denselben Problemen, da eine absorptive Anreicherung in wäßrigen Lösungen infolge ihrer speziellen physikalisch-chemischen Eigenschaften sich recht einfach gestaltet. Restadsorptionsaktivität des für die GC-Analyse eingesetzten Trägers stört bei der Untersuchung der betreffenden Wasserproben stark.

Wir stellten fest, daß diese Restadsorptionsaktivität durch Silanierung zwar weitgehend ausgeschaltet oder durch den Einsatz von TEFLON-Trägern prinzipiell vermieden werden kann, derartige Trennsäulen jedoch eine für die anstehenden Probleme zu niedrige Trennstufenzahl/m aufweisen.

Der Zusatz von schwerflüchtigen Hydroxyäthyldiaminen zu hydrophilen Trennflüssigkeiten, wie z. B. Polyäthylenglykol, oder der Einsatz dieser Hydroxyäthyldiamine als Trennflüssigkeit allein beseitigt die störende Adsorptionsaktivität unter Erhaltung normaler Trennstufenzahlen.

Für die GC-Bestimmung von Spuren Monoäthylenglykol in Abwasser und Raumluft sowie für die entsprechenden Bestimmungen toxischer Amine setzen wir deshalb mit Tetrahydroxyäthylhexamethylendiamin beladene Träger ein.

### 4.1. *Bestimmung von Monoäthylenglykol in Abwasser und Raumluft*

Diese Analyse führen wir mit einer 50-cm-Trennsäule mit 8% Tetrahydroxyäthylhexamethylendiamin auf Porolith bei 140 °C und einer Trägergasgeschwindigkeit von 50 ml/min $N_2$ durch. Mit einem Flammenionisationsdetektor können bei einer Probenmenge von 10 µl noch 5 mg/l Monoäthylenglykol direkt bestimmt werden. Es konnte nachgewiesen werden, daß ein Eindampfen der Probe auf $^1/_{10}$ des Ausgangsvolumens bei Konzentrationen unter 20 mg/l praktisch keine Verluste an Monoäthylenglykol verursacht. Dadurch kann die untere Nachweisgrenze auf 0,5 mg/l gesenkt werden. Störungen durch andere typische Inhaltsstoffe der Abwässer der Polyäthylenterephthalat-Produktion bzw. der PVY-Faserproduktion (Dimethylformamid, Acrylnitril) wurden nicht beobachtet. Die Standardabweichung beträgt bei 25,8 mg/l: $S_g = 1{,}51$ mg/l.

### 4.2. *Bestimmung von Monoäthylenglykol in Raumluft*

Diese Analysen können auf die unter 4.1 dargestellte gaschromatographische Methode zurückgeführt werden. Dies geschieht durch vorherige Absorption des in Luft enthaltenen Monoäthylenglykols in einer mit 50 ml destilliertem Wasser beschickten Waschflasche. Bei einer Strömungsgeschwindigkeit < 2 l/min ist die Absorption für praktische Zwecke vollständig. Nach der Absorption wird durch Eindampfen konzentriert und auf 10 ml aufgefüllt. Bei einem Luftprobevolumen von 15 l erreicht man so eine untere Bestimmungsgrenze von 5 mg/m³ Monoäthylenglykol.

### 4.3. *Bestimmung von Aminen in Abwasser und Raumluft*

Sekundäre aliphatische Amine können mit Tetrahydroxyäthylhexamethylendiamin-Trennsäulen von anderen Abwasserinhaltsstoffen getrennt und mit Flammenionisationsdetektoren bestimmt werden (Bild 8). Durch Anwendung der relativ großen Probemenge von 50 µl konnte mit einem Flammenionisationsdetektor eine untere Bestimmungsgrenze von 0,5 mg/l erzielt werden. Die Standardabweichung $S_g$ wurde bei 6 mg/l zu 1,2 mg/l, bei 30 mg/l zu 3,6 mg/l ermittelt. Für Synthesefaserbetriebe typische Abwasserinhaltsstoffe — außer Methylacrylat — stören die Bestimmung nicht. Vor der Injektion muß die Probe mit Alkalihydroxid auf einen pH-Wert > 12 eingestellt werden. Dieses analytische Verfahren benutzen wir ebenfalls zur Bestimmung sekundärer aliphatischer Amine in der Luft von Arbeitsräumen.

Die notwendige, vorgeschaltete Anreicherung erfolgt durch Absorption in n/20 HCl. Bei einem angewendeten Luftvolumen von 15 l und 20 ml Säurevorlage erreicht man eine untere Bestimmungsgrenze von etwa 1 mg/m³.

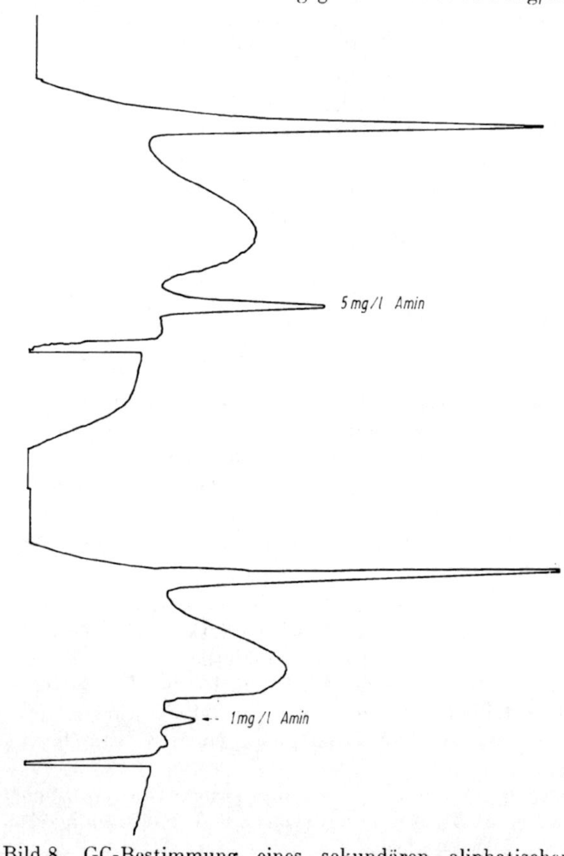


Bild 8. GC-Bestimmung eines sekundären aliphatischen Amins in Abwasser der Polyäthylenterephthalat-Produktion Trennsäule: 1,5 m 15% hydroxyläthyliertes Hexamethylendiamin auf Porolith, 95 °C, Trägergas 40 ml/min $N_2$, Probenmenge: 50 µl. Flammenionisationsdetektor

### *4.4. Bestimmung von Diphyl in Raumluft*

Hierfür wenden wir folgende *Arbeitsvorschrift* an:

30 l Luft werden mit einer Strömungsgeschwindigkeit $< 250$ ml/min durch vier in Reihe geschaltete und mit je 5 ml Xylol beschickte kleine Absorptionswaschflaschen gesaugt. Nach beendeter Absorption wird der Inhalt der Absorptionsgefäße in einem 25-ml-Meßkolben vereinigt und mit Xylol aufgefüllt. Davon werden 10 µl gaschromatographisch untersucht. Dies erfolgt an einer 50 cm-Trennsäule mit 15% Fluhyzon auf Porolith bei 145 °C und einer Trägergasgeschwindigkeit von 50 ml/min $N_2$. Die Detektion erfolgt mit einem Flammenionisationsdetektor. Die Chromatogrammauswertung wird nach der Methode der äußeren Eichung der Peakflächen bei konstantem Probevolumen vorgenommen.

Die erzielbare untere Nachweisgrenze beträgt 5 mg/m³.


## *Zusammenfassung*

Die Gas/Flüssig-Chromatographie hat für die Kontrolle der Rohstoffe der Polyesterfaserstoffproduktion erhebliche Bedeutung erlangt. Sie erlaubt eine schnelle simultane Bestimmung des Diäthylenglykol-, Wasser- und Methanolgehaltes von Glykol; die Erfassung geringerer Mengen p-Toluylsäure und Benzoesäure in Terephthalsäure bzw. ihrer Methylester in Dimethylterephthalat sowie eine Qualitätseinschätzung anderer Hilfsstoffe.

Für die Ermittlung des Diäthylenglykolanteils und Methylesterendgruppen von Polyäthylenterephthalat ist dieses moderne physikalisch-chemische Verfahren die eleganteste und sicherste Methode. An den Beispielen der Analyse des Brüdens der Direktveresterung und Gemischen der Methanolrückgewinnung wird gezeigt, daß auch für die Prozeßkontrolle sinnvolle Einsatzmöglichkeiten gegeben sind.

Das Anwendungsgebiet der Gas/Flüssig-Chromatographie bei der Polyäthylenterephthalatproduktion wird durch Beispiele zur Bestimmung von Glykol, Aminen und Diphyl in betrieblichen Abwässern und Raumluft vervollständigt.


Den Mitarbeitern des Abschnitts Gaschromatographie des Zentrallabors des Chemiefaserwerkes „Friedrich Engels" Premnitz wird für die gewissenhafte Durchführung der experimentellen Arbeiten und der Direktion Forschung und Entwicklung für die Genehmigung zur Veröffentlichung gedankt.

## *Literatur*


[1] *Scheller, H.:* Betrachtungen zur kontinuierlichen Herstellung von Polyäthylenterephthalat. Chemiefasern **15** (1965) S. 923–928.

[2] *Hummel, U. P.*, und *Oxley, J. H.:* Kontinuierliches Herstellen von Polyesterfasern aus Dimethylterephthalat oder reiner Terephthalsäure. Chem. Ind., Düsseldorf **21** (1969) S. 251–254.

[3] *Kirby, J. R.*, *Baldwin, A. J.*, und *Heidner, R. H.:* Determination of diethyleneglykol in polyethylene terephthalat. Analytic. Chem. **37** (1965) S. 1306–1309.

[4] *Kalal, J.*, und *Hornof, V.:* Über die Bestimmung von Diglykol in Polyäthylenterephthalat. Vortrag auf der Chemiefasertagung in Tabor (ČSSR) vom 21. bis 23. 9. 1966.

[5] *Ginsburg, L.:* Determination of mono-, di-, and triethylene glycols in mixtures by gas-liquid-chromatography. Analytical Chem. **31** (1959) S. 1822–1824.

[6] *Balachonzewa, W. N.*, und *Poltinina, P. M.:* Bestimmung von Glykol durch die Methode der Gas-Flüssig-Chromatographie. Ž. anal. Chimi (Z. analyt. Chemie) **19** (1964) S. 757–760.

[7] *Singliar, M.*, und *Redkova, J.:* Quantitative Analyse des technischen Äthylenglykols. Chem. Prûm., Praha (Chem. Ind.) (1971) S. 229–232.

[8] *Nestler, H.*, und *Sych, G.:* Untersuchungen zur Reinheitsbestimmung von Monoäthylenglykol beim GRISUTEN-Herstellungsprozeß. Chem. Technik **16** (1964) S. 283–287.

[9] *Komers, R.:* Untersuchungen über die gaschromatographische Trennung der Methylester der Benzolmonocarbonsäuren und der Benzoldicarbonsäuren. Coll. czechoslov. chem. Commun. **28** (1963). 1549–1556.

[10] *Ratusky, J.*, und *Bastar, L.:* Gas-Chromatographische Trennung der Ester von Benzolcarbonsäuren an $\beta$-Cyanoäthyläthern mehrwertiger Alkohole. Chem. and Ind. (1962) S. 650–651.

[11] *Mori, S.*, und *Takeuchi, T.:* Gas-chromatographic separation of dibasic alkanoic acid dimethylesters and the three isomeric phthalic acid dimethyl esters with a polyamid liquid phase. J. Chromatog. **46** (1970) S. 137 bis 142.

[12] *Witte, K.*, und *Rasse, H.:* Gas-chromatographische Analyse freier aromatischer Mono- u. Dicarbonsäuren. Chromatographia (1968) S. 32–33.

[13] *Hovenkamp, S.*, und *Munting, J. R.:* The formation of diethyleneglycol as a side reaktion during polyethylene terephthalat produktion. Kinetics and mechanism of polyreaktions. Preprints of IUPAC International Symposium on Macromolekular Chemistry, Budapest 1969. Vol. I, S. 119–122.

[14] *Gaskill, D. R.*, *Chasar, A. G.*, und *Lucchesi, C. A.:* Determination of glycolic ether linkages in poly(ethylene terephthalate). Analytic. Chem. **39** (1967) S. 106–108.

[15] *Ponder, L. H.:* Gas chromatographic determination of diethylene glycol in poly(ethylene terephthalate). Analytic. Chem. **40** (1968) S. 229–231.

[16] *Yoda, K.:* Der Einfluß von Katalysatoren auf die Bildung der Ätherbindung in Polyäthylenterephthalat. Kobunshi Kagaku, Tokyo (Chem. High Polymers) **24** (1967) S. 472 bis 478.

[17] *Dinse, H.-D.*, und *Tuček, E.:* Gaschromatographische Bestimmung des Diäthylenglykolgehaltes in Polyäthylenterephthalat. Faserforsch. u. Textiltechnik **21** (1970) S. 205–208.

[18] *Zimmermann, H.*, und *Becker, D.:* Zur Bestimmung von Methylesterendgruppen in Polyäthylenterephthalat. Faserforsch. u. Textiltechnik **22** (1971) S. 458–462.


*Eingegangen am 2. März 1972*

# Untersuchungen zur Quellung und Lösung von Cellulose in aminhaltigen Flüssigkeitsgemischen

## 3. Mitt.: Beziehung der Viskosität zur rel. Molekülmasse und Molekülabmessungen von Cellulose in aminhaltigen Flüssigkeitsgemischen im Vergleich zu wäßrigen Lösungsmitteln

*Karl-Joachim Linow, Adel Koura, Burkart Philipp* und *Harry Schleicher*

*Deutsche Akademie der Wissenschaften zu Berlin, Institut für Polymerenchemie in Teltow-Seehof (vorm. Institut für Faserstoff-Forschung)*

DK 547.458.81:532.133:541.24:532.74:532.77:539.193

Die Viskositätszahlen von Celluloseproben mit unterschiedlichem Durchschnittspolymerisationsgrad wurden in den bekannten wäßrigen Lösungsmitteln und in einigen wasserfreien Mischlösungsmitteln ermittelt, um Aussagen über den Lösungszustand und über die thermodynamische Güte der Lösungsmittel zu erhalten. Die Moleküldimensionen der Cellulose zeigten dabei keine prinzipiellen, sondern nur graduelle Unterschiede zwischen den wäßrigen und wasserfreien Systemen.

*Исследование набухания и растворения целлюлозы в содержащих амины смесях жидкостей. 3. сообщ. Сравнение зависимости вязкости от молекулярного веса и молекулярных параметров целлюлозы в содержащих амины смесях жидкостей и в водных растворителях*

Для получения данных по состоянию растворов и определению термодинамических характеристик растворителей, определялась характеристическая вязкость проб целлюлозы различной средней степени полимеризации с применением как обычных водных растворителей, так и не содержащих воды смешанных растворителей. Было найдено, что размеры молекул целлюлозы при применении водных и неводных систем растворителей не показывают принципиальных различий, а различаются только в ограниченной степени.

*Investigations on the Swelling and Dissolution of Cellulose in Mixed Solvents Containing Amines 3rd Comm.: Relations between the Viscosity and the Molecular Weight and Molecular Dimensions of Cellulose in Mixed Solvents Containing Amines Compared to Aqueous Solvents*

In order to determine the state of dissolution and the thermodynamic quality of solvents the intrinsic viscosity of cellulose samples having different average degree of polymerization were measured in common aqueous solvents and in some non-aqueous solvent mixtures. The molecular dimensions of cellulose in aqueous and non aqueous solvents were found to differ not in principle but only gradual.

### 1. *Einführung*

In den vorangehenden Mitteilungen [1, 2] hatten wir über die Auflösung von Cellulose im binären System Dimethylsulfoxid (DMSO)/Methylamin und im ternären System $SO_2$/Diäthylamin/polare Drittkomponente berichtet, wobei der Einfluß der Lösebedingungen und der übermolekularen Struktur des Cellulosepräparates auf die Lösbarkeit im Vordergrund stand. Zur weiteren Klärung des Lösemechanismus und zur Einschätzung einer Anwendbarkeit solcher nichtwäßriger Systeme in der Celluloseanalytik wurden die hier zusammengefaßten viskosimetrischen Messungen an verdünnten Lösungen durchgeführt mit dem Ziel, eine Beziehung zwischen Viskosität und rel. Molekülmasse in solchen Medien aufzustellen und die sog. „ungestörten Dimensionen" der Knäuel abzuschätzen. Viskosimetrische Untersuchungen an nichtwäßrigen Celluloselösungen wurden uns bisher nur aus einer Arbeit von *Hata* [3] bekannt, der an einer Celluloseprobe mit verhältnismäßig niedrigem DP die Zeit- und Konzentrationsabhängigkeit der Viskosität verdünnter Celluloselösungen in Gemischen aus flüssigem $SO_2$ und einigen Aminen ermittelte und die Grenzviskosität der Probe für unterschiedliche Art und Konzentration des Amins angab. Bei der Diskussion unserer eigenen Ergebnisse wurden frühere [4] sowie einige neuere Meßergebnisse in wäßrigen Metall-Komplex-Lösemitteln mit herangezogen, die einen Vergleich zwischen wäßrigen und nichtwäßrigen Celluloselösemitteln ermöglichen und gleichzeitig zur Klärung der nach wie vor bestehenden Widersprüche im Verhalten der verschiedenen wäßrigen Lösemittel (vgl. [5]) beitragen sollen.

### 2. *Bemerkungen zur Versuchsmethodik*

Als Ausgangsmaterial dienten

eine bereits früher beschriebene Serie von unterschiedlich weitgehend heterogen hydrolysierten Lintersproben mit Carbanilat-DP-Werten zwischen 1500 und 12000 (vgl. [4]), im folgenden als Serie I bezeichnet, und

eine Serie von durch heterogenen alkalischen Abbau und anschließende Umfällung von gebeuchten und gebleichten Linters aus Xanthogenatlösungen und Trocknung über Lösungsmittelaustausch mit Aceton, Äther und Cyclohexan erhaltenen Proben, im folgenden als Serie II bezeichnet.

Hinsichtlich der *Bereitung der Celluloselösungen* in den verschiedenen wäßrigen [6 bis 9] und nichtwäßrigen Systemen [1, 2] sowie der Herstellung und Auflösung der zum Vergleich herangezogenen Cellulosecarbanilate [4] sei auf unsere jeweils zitierten Veröffentlichungen in dieser Zeitschrift verwiesen. Für Untersuchungen im System DMSO/Methylamin wurden stets Gemische mit 6% Methylamin eingesetzt. Beim ternären System $SO_2$/Diäthylamin/DMSO wurden sowohl der $SO_2$- wie der Diäthylamingehalt variiert, sofern nicht anders angegeben, wurde ein Gemisch mit 7,2% $SO_2$ und 10% Diäthylamin verwendet. Neben diesen binären und ternären wasserfreien Lösungsmitteln wurden Messungen in einem Vierkomponentensystem aus DMSO, Äthanolamin, NaBr und $NH_3$ durchgeführt, über dessen Lösewirkung in Abhängigkeit von der Zusammensetzung an anderer Stelle berichtet wird.

Zur *Charakterisierung der Lösungen* dienten in allen Fällen viskosimetrische Messungen im *Ubbelohde*-Viskosimeter (Kapillare Oa-II) bei Cellulosekonzentration zwischen $4 \cdot 10^{-4}$ g/cm³ und $70 \cdot 10^{-4}$ g/cm³ und einer Meßtemperatur von 20 °C ± 0,02 grd. Zur Extrapolation auf $c = 0$ wurde die Auftragung $\eta_{spez}/c$ gegen $\eta_{spez}$ herangezogen und damit ein auf das Geschwindigkeitsgefälle des reinen Lösungsmittels bezogener Wert von $[\eta]$ erhalten (vgl. [10]). Während sich im System $SO_2$/Diäthylamin/DMSO beide Probenserien meist glatt auflösten, mußten sich Messungen im System DMSO/Methylamin auf die Serie II (umgefällte Proben) beschränken, da mit Serie I erhebliche Löserückstände verblieben. Sedimentationsmessungen zur „Absolutbestimmung" der rel. Molekülmasse bzw. des mittleren Polymerisationsgrades nach der von uns beschriebenen [11, 4] $s/[\eta]$-Methode wurden an den Carbanilaten der Celluloseproben in Aceton durchgeführt, um Messungen in den binären bzw. ternären nichtwäßrigen Lösungsmitteln zu umgehen.

### 3. *Versuchsergebnisse und ihre Auswertung*

#### 3.1. *Ermittlung und Vergleich der Viskositätszahl von Cellulose in verschiedenen Lösemittelsystemen*

Die Konzentrationsabhängigkeit der reduzierten Viskosität $\eta_{spez}/c$ ließ sich in allen Fällen gut durch die *Schulz/Blaschke*-Beziehung erfassen, wobei die Konstante $k_{SB}$ erwartungsgemäß vom Lösungsmittel, jedoch kaum von der Molmasse der Probe abhing (Tabelle 1).

Die Viskositätszahlen der Probenserie I in wäßrigen Metallkomplexlösungsmitteln sowie als Carbanilat in Aceton wurden in einer früheren Mitteilung von uns (vgl. [4], Tabelle 4, Proben LiO″ bis Li 24′) veröffentlicht. Tabelle 2 gibt eine Zusammenstellung der $[\eta]$-Werte der Serie II in wäßrigen Lösemitteln und als Carbanilat, Tabelle 3 faßt die in den nichtwäßrigen Systemen erhaltenen $[\eta]$-Werte zusammen. Die für beide Probenserien jeweils getrennt erhaltenen Durchschnittswerte (⌀ I und ⌀ II) des auf Carbanilat in Aceton bezogenen Viskositätszahlverhältnisses gibt Tabelle 4 wieder, wobei nur für Serie II in DMSO/Methylamin eine systematische Abnahme von $[\eta]_{DMSO/Methylamin}/[\eta]_{Carbanilat}$ mit sinkendem DP, in allen anderen Fällen eine geringfügige Zunahme des Viskositätszahlquotienten mit sinkendem DP beobachtet wurde.

*Tabelle 1. $k_{SB}$-Werte für Cellulose in verschiedenen Lösungsmitteln*

| Lösungsmittel | $k_{SB}$ Serie I | $k_{SB}$ Serie II |
|---|---|---|
| DMSO/Äthanolamin/NaBr/$NH_3$ | 0,35 | — |
| DMSO/Methylamin | — | 0,15 |
| $SO_2$/Diäthylamin/DMSO | — | 0,17 |
| Cuam | 0,29 | 0,29 |
| Cuen | 0,29 | 0,29 |
| Cadoxen | 0,29 | 0,29 |
| EWNN | 0,33 | 0,33 |

*Tabelle 2. $[\eta]$-Werte in verschiedenen wäßrigen Lösemitteln sowie als Carbanilat für Probenserie II*

| Probe | $[\eta]_{Carb}$ | $[\eta]_{Cuam}$ | $[\eta]_{Cuen}$ | $[\eta]_{Cadoxen}$ | $[\eta]_{EWNN}$ |
|---|---|---|---|---|---|
| 1 | 409 | 335 | 416 | 339 | 472 |
| 2 | 228 | 214 | 255 | 216 | 317 |
| 3 | 159 | 119 | 165 | 148 | 220 |
| 5 | 127 | 112 | 143 | 129 | 192 |
| 6 | 117 | 98 | 131 | 115 | 175 |

Die Abnahme des Quotienten $[\eta]_{DMSO/Methylamin}/[\eta]_{Carbanilat}$ mit fallendem DP ist dabei eindeutig auf größere Unterschiede im Exponenten $\alpha$ der Beziehung $[\eta] = K_m \cdot DP^\alpha$ in den beiden Systemen zurückzuführen.

Bemerkenswert erscheinen die großen, in jedem Fall gesicherten Unterschiede im $[\eta]$-Verhältnis zwischen den Serien I und II, die erneut darauf hindeuten, daß die breite Schwankung der Literaturwerte für diese Quotienten (vgl. [5]) in erster Linie auf eine unterschiedliche übermolekulare Struktur der Ausgangsproben zurückzuführen sein dürfte. Dies würde gleichzeitig für die wiederholt von verschiedenen Autoren [12, 13] vertretene Ansicht sprechen, daß offenbar doch erhebliche und bisher nicht systematisierbare Abweichungen von der „molekularen Lösung", d. h. des Vorliegens ausschließlich statistischer Knäuelketten, bestehen und somit physikochemische Kenngrößen,

*Tabelle 3. $[\eta]$-Werte der Probenserien I und II in nichtwäßrigen Lösemittelsystemen*

| Probe | Serie I $[\eta]$ DMSO/Äthanolamin/$NH_3$/NaBr | Serie I $[\eta]$ DMSO/$SO_2$/Diäthylamin | Probe | Serie II $[\eta]$ DMSO/$SO_2$/Diäthylamin | Serie II $[\eta]$ DMSO/Methylamin |
|---|---|---|---|---|---|
| 0″ | 2220 | 2000 | 1 | 600 | 1110 |
| 10″ | 1620 | 1420 | 2 | 353 | 570 |
| 2,5′ | 1470 | 1090 | 3 | 229 | 365 |
| 8′ | 900 | 780 | 5 | 200 | 275 |
| 24′ | 120 | 470 | 6 | 187 | 235 |
| 250′ | 280 | 195 | | | |

*Tabelle 4. Viskositätszahlverhältnis in verschiedenen Lösungsmitteln (Durchschnittswerte für Serie I und II)*

| Serie | $[\eta]_{Cuam}/[\eta]_{Carb}$ | $[\eta]_{Cuen}/[\eta]_{Carb}$ | $[\eta]_{Cadoxen}/[\eta]_{Carb}$ | $[\eta]_{EWNN}/[\eta]_{Carb}$ | $[\eta]_{DMSO/Methylamin}/[\eta_{Carb}]$ | $[\eta]_{SO_2/Diäthylamin/DMSO}/[\eta]_{Carb}$ | $[\eta]_{DMSO/Äthanolamin/NH_3/NaBr}/[\eta]_{Carb}$ |
|---|---|---|---|---|---|---|---|
| I | 1,19 | 1,33 | 1,19 | 1,65 | — | 1,94 | 2,33 |
| II | 0,85 | 1,09 | 0,94 | 1,39 | 2,3 | 1,53 | — |

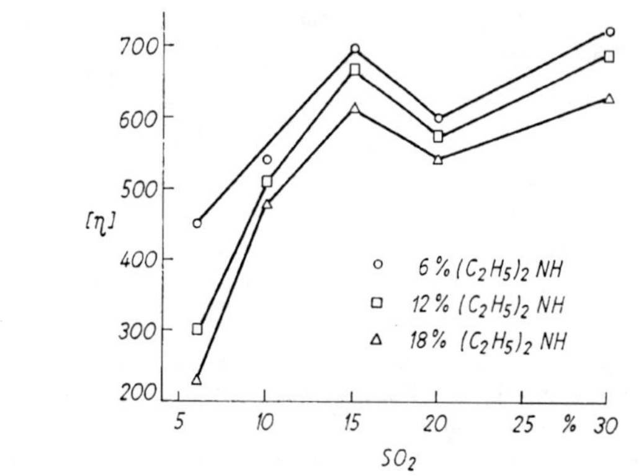


Bild 1. Einfluß der Lösungsmittelzusammensetzung auf die Viskositätszahl im System $SO_2$/Diäthylamin/DMSO

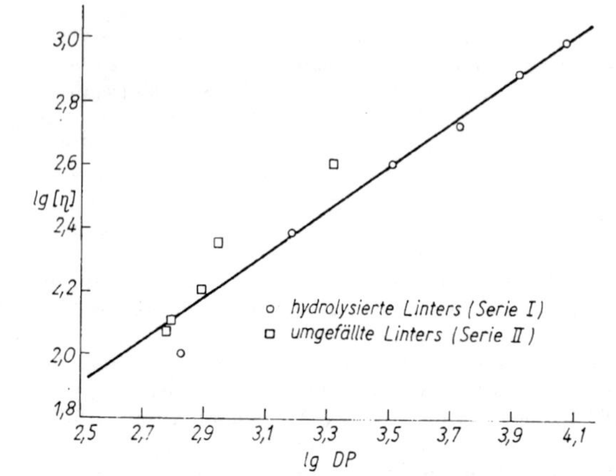


Bild 2. $[\eta]$/DP-Eichbeziehung für Cellulosecarbanilate in Aceton

die auf einem statistischem Modell der Polymerlösung aufbauen, zwangsläufig mit einer gewissen Unsicherheit behaftet sind. Trotz dieser Einschränkung zeigt sich eine eindeutige Rangordnung innerhalb der wäßrigen Lösungsmittel, nämlich eine Zunahme von $[\eta]$ in der Reihe Cuam $<$ Cadoxen $<$ Cuen $<$ EWNN, die auch mit den Angaben anderer Autoren übereinstimmt. Die nichtwäßrigen Lösungsmittelsysteme ergeben für gleiche Proben wesentlich höhere Viskositätszahlen als die wäßrigen Metallkomplexlösungen, wobei jedoch darauf hingewiesen werden muß, daß $[\eta]$ im System $SO_2$/Diäthylamin/DMSO erheblich von der Zusammensetzung des ternären Gemisches abhängt (Bild 1). Vor allem im Bereich niedriger $SO_2$-Konzentration steigt $[\eta]$ mit dem $SO_2$-Gehalt stark an, während der Einfluß des Diäthylamingehaltes geringer ist, wobei mit steigendem Diäthylaminanteil $[\eta]$ etwas sinkt, während *Hata* [3] mit Zweikomponentensystemen $SO_2$ (flüssig)/Diäthylamin gerade das Umgekehrte beobachtete. Dagegen ist im Vierkomponentensystem die Viskositätszahl praktisch unabhängig von der Zusammensetzung, sofern diese innerhalb der Grenzen variiert wird, die den lösend wirkenden Bereich abstecken.

### *3.2. Vergleich der $[\eta]$-M-Beziehung in wäßrigen und nichtwäßrigen Lösungsmittelsystemen*

Den folgenden Überlegungen wurden die in Tabelle 5 zusammengestellten, durch $s/[\eta]$-Messung der Carbanilate in Aceton erhaltenen DP-Werte unserer Proben zugrunde gelegt.

Eine Auftragung von log $[\eta]$ gegen log DP (Bilder 2 bis 6) zeigt eine im ganzen unbefriedigende Paßfähigkeit der Meßergebnisse der Reihen I und II insofern, als zwar die Meßpunkte der Reihe I recht gut auf einer Geraden liegen, bei Reihe II jedoch im allgemeinen nur die beiden Proben mit den höchsten DP-Werten einigermaßen auf dieser Geraden liegen, während die anderen Proben erheblich nach unten, d. h. in Richtung zu niedriger $[\eta]$-Werte bei als „richtig" angenommenem DP abweichen. Eine Auswertung der durch Reihe II gelieferten Meßpunkte allein in einem log $[\eta]$/log DP-Diagramm führt daher zu abwegig hohen Werten für den Exponenten $\alpha$ der Beziehung $[\eta] = K_m \, DP^{\alpha}$. Allerdings ist der durch Reihe II überspannte DP-Bereich verhältnismäßig gering und liegt ziemlich niedrig, so daß zur Erklärung dieser Diskrepanz möglicherweise schon Abweichungen von der statistischen Knäuelform infolge zu geringer Kettenlänge angenommen werden können (vgl. [14]).

Auf Basis der Meßpunkte der Serie I und unter Mitberücksichtigung der Proben 1 und 2 der Serie II erhalten wir durch Ausgleichsrechnung aus den Bildern 3 bis 6 folgende $[\eta]$-DP-Beziehungen

$[\eta] = 1{,}37 \, DP^{0{,}72}$ in Cuam,
$[\eta] = 1{,}75 \, DP^{0{,}69}$ in Cadoxen,
$[\eta] = 1{,}67 \, DP^{0{,}71}$ in Cuen,

*Tabelle 5. $DP_{s,[\eta]}$-Werte der untersuchten Celluloseproben*

| | | | | | |
|---|---|---|---|---|---|
| | | Serie I | | | |
| Probe: 0 s | 10 s | 2,5 min | 8 min | 24 min | 250 min |
| $DP_{s,[\eta]}$ 11782 | 8192 | 5320 | 3213 | 1522 | 669 |
| | | Serie II | | | |
| Probe: 1 | 2 | 3 | 5 | 6 | |
| $DP_{s,[\eta]}$ 2020 | 838 | 617 | 562 | 535 | |

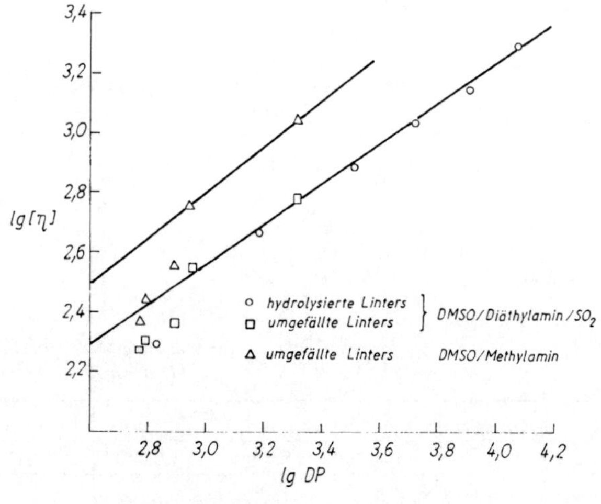


Bild 3. $[\eta]$/DP-Eichbeziehung für Cellulose in $SO_2$/Diäthylamin/DMSO und DMSO/Methylamin

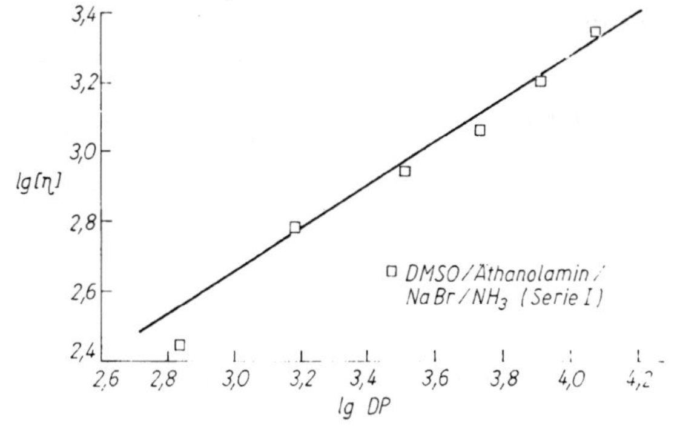


Bild 4. $[\eta]$/DP-Eichbeziehung für Cellulose in DMSO/Äthanolamin/NaBr/$NH_3$

$[\eta] = 4{,}85\ DP^{0{,}61}$ in EWNN,
$[\eta] = 3{,}88\ DP^{0{,}66}$ in $SO_2$/Diäthylamin/DMSO,
$[\eta] = 6{,}43\ DP^{0{,}62}$ in DMSO/Äthanolamin/NaBr/$NH_3$.

Eine Abschätzung auf Basis der zwei Proben mit höchstem DP der Serie II ergibt

$[\eta] = 3{,}54\ DP^{0{,}75}$ in DMSO/Methylamin.

Die Beziehungen für die wäßrigen Systeme weichen auf Grund der anderen und viel spezielleren Probenkollektive z. T. erheblich von unseren früheren, auf Basis einer größeren Probenzahl unterschiedlicher Provenienz gewonnenen Angaben [4], wie auch von den in sich stark schwankenden Literaturangaben [15] ab. Übereinstimmend läßt sich jedoch erkennen, daß der Exponent $\alpha$ für EWNN deutlich niedriger, d. h. mehr in Richtung eines Θ-Lösungsmittels, liegt als bei den Ammin-Komplex-Lösungen, die ihrerseits in der durch $\alpha$ charakterisierten Lösungsmittelgüte keine signifikanten Unterschiede zeigen, ebenfalls in Übereinstimmung mit den Angaben anderer Autoren [15]. Ein Übergang vom wäßrigen zum nichtwäßrigen Lösungssystem führt in den hier untersuchten Fällen mit Sicherheit nicht zu irgendwelchen sensationellen Änderungen in der $[\eta]$/M-Beziehung. Die Exponenten $\alpha$ unterscheiden sich nicht wesentlich von denen in wäßrigen Metallkomplexlösungen, und in der Standardabweichung für den einzelnen Meßpunkt von der oben angegebenen Eichbeziehung liegt das System $SO_2$/Diäthylamin/DMSO mit ±5% zwischen den Metall-Ammin-Komplexen mit ±2 bis 3%, EWNN mit ±9% und dem Vierkomponentensystem mit ±13%.

### *3.3. Bestimmung und Vergleich der „ungestörten Knäueldimensionen" in verschiedenen Lösungsmitteln*

Die einfachste und ungeachtet einiger berechtigter theoretischer Einwände (vgl. [16]) gebräuchlichste Methode zur Ermittlung der ungestörten Knäueldimensionen geht von der *Stockmeyer/Fixman*-Beziehung

$$[\eta]/M^{1/2} = K_\Theta + 0{,}51\ \Phi_0\ B \cdot M^{1/2}$$

aus, wobei $K_\Theta = \Phi_0(\overline{h_0^2}/M)^{3/2}$ ein Maß für den Fadenendenabstand $h_0$ im ungestörten Zustand, $\Phi_0$ eine sog. universelle Viskositätskonstante und $B$ einen Wechselwirkungsparameter zwischen Lösungsmittel und Polymeren darstellt. Die Ermittlung von $K_\Theta$ durch Extra-

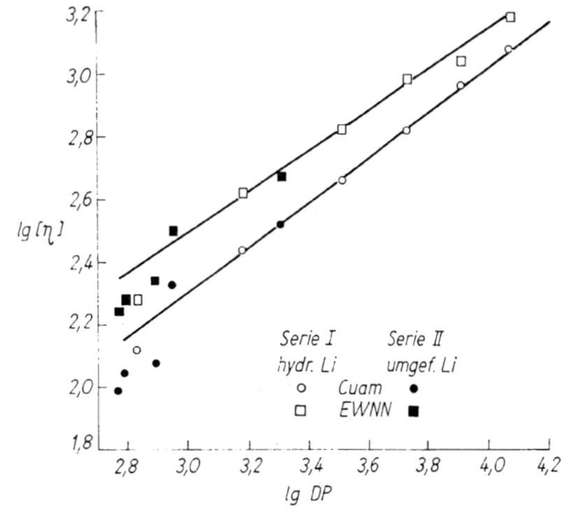


Bild 5. $[\eta]$/DP-Eichbeziehung für Cellulose in Cuam und EWNN

polation im *Stockmayer/Fixman*-Diagramm $[\eta]/M^{1/2}$ gegen $M^{1/2}$ entsprechend Bild 7 führt zu dem Ergebnis, daß $h_0$ für EWNN deutlich höher liegt als für die Metallammin-Komplexlösungen, die ihrerseits für Cuam, Cuen und Cadoxen praktisch den gleichen niedrigeren $K_\Theta$-Wert ergeben. Dies steht zumindest qualitativ im Einklang mit Angaben von *Valtasaari* [17] über die Trägheitsradien von Cellulose in Cadoxen und in EWNN. Für die nichtwäßrigen Systeme fanden wir den gleichen hohen $K_\Theta$-Wert wie für EWNN. Im ungestörten Zustand sind also die Celluloseknäuel in EWNN und in den untersuchten nichtwäßrigen Lösungsmitteln wesentlich „aufgelockerter" als in Cadoxen, Cuam und Cuen. Für den Wechselwirkungsparameter $B$ ergibt sich aus Bild 7 eine Zunahme in der Reihenfolge EWNN < Cuam, Cadoxen < Cuen < $SO_2$/Diäthylamin/DMSO < DMSO/Äthanolamin/NaBr/$NH_3$ < < DMSO/Methylamin.

Die aus dem *Stockmayer/Fixman*-Diagramm erhaltene Einteilung der Systeme in zwei Gruppen mit unterschiedlichen $K_\Theta$-Werten spiegelt sich auch in der Auftragung von lg $Km$ gegen $\alpha$ nach *Breitenbach* und *Frank* [18] wider, in der zwei getrennte Geraden aus den Zahlenwerten des Abschnitts 3.2 erhalten werden,

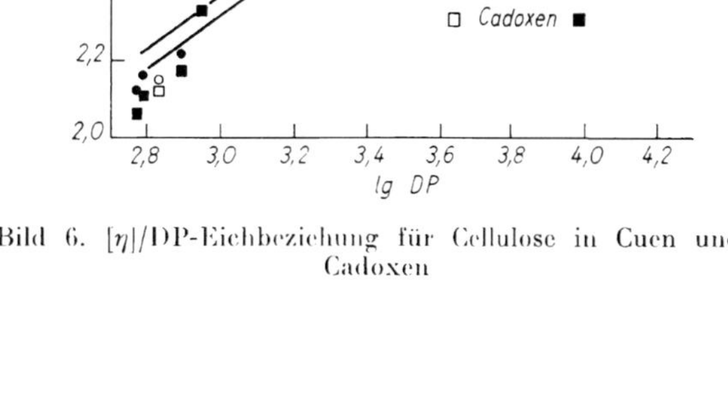


Bild 6. $[\eta]$/DP-Eichbeziehung für Cellulose in Cuen und Cadoxen

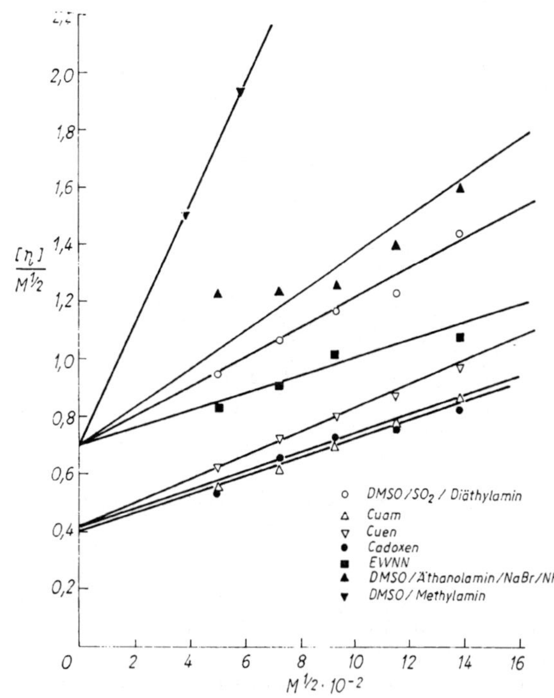


Bild 7. *Stockmayer/Fixman*-Diagramm der untersuchten Cellulose/Lösungsmittel-Systeme

d. h., auch in dieser Auftragung bilden die Systeme Cuam, Cuen und Cadoxen eine Gruppe, die sich deutlich von den Systemen der nichtwäßrigen Lösungen und EWNN als der zweiten Gruppe unterscheiden.

## 4. *Zusammenfassende Diskussion und Schlußfolgerungen*

Wesentlichstes Ergebnis der vorliegenden Arbeit ist die Feststellung, daß zwischen wäßrigen und nichtwäßrigen Komplex-Lösungsmitteln für Cellulose hinsichtlich Grenzviskosität, Exponenten der $[\eta]$/M-Beziehung und ungestörten Knäueldimensionen keine grundsätzlichen Unterschiede bestehen, Wasser als Solvatationsmittel somit keine Sonderstellung gegenüber anderen polaren Flüssigkeiten wie DMSO einnimmt. Gleichzeitig führen die hier beobachteten Unterschiede im Verhalten der Probenserien I und II und die unter Einbeziehung eigener früherer Messungen festgestellte große Schwankungsbreite der Konstanten $K_m$ und $\alpha$ in Abhängigkeit vom ausgewählten Probenkollektiv zu dem Schluß, daß erstens eine Extrapolation solcher $[\eta]/M$-Beziehungen über den durchgemessenen Bereich hinaus nach niedrigerem DP hin auf jeden Fall fragwürdig ist (vgl. [14]), und daß offenbar zweitens alle aus statistischen Modellen der Polymerlösung abgeleiteten physikochemischen Kenngrößen bei Celluloselösungen gewissen, vorerst nicht systematisierbaren Schwankungen in Abhängigkeit von der Vorgeschichte des Präparats unterworfen sind, indem je nach der übermolekularen oder morphologischen Struktur des Präparats unterschiedliche Abweichungen vom „statistischen Lösungszustand" auftreten.

Trotz dieser Einschränkungen hinsichtlich einer Vergleichbarkeit der absoluten Zahlenwerte von $K_m$ und $\alpha$ und auch $K_\Theta$ bzw. $h_0$ ergibt sich unabhängig vom ausgewählten Probenkollektiv die gleiche Rangfolge hinsichtlich $[\eta]$ und des Exponenten $\alpha$ für die verschiedenen wäßrigen Metallkomplex-Lösungsmittel. Hierbei nimmt EWNN gegenüber der Gruppe der Metall-Ammin-Komplexe eine Sonderstellung ein. Die vergleichsweise hohe Viskositätszahl in diesem Lösungsmittel ist offensichtlich nicht auf eine Knäuelaufweitung infolge starker Wechselwirkung zwischen Cellulose/Fe-Tartrato-Komplex und Lösungsmittel zurückzuführen, denn $\alpha$ und Wechselwirkungsparameter $B$ liegen sogar unter den für Metall-Ammin-Komplexe gemessenen Werten. Ursache der hohen Viskositätszahl ist vielmehr eine recht lockere Knäuelstruktur im ungestörten Zustand, die sich in einem gegenüber Metall-Ammin-Komplexen höheren $K_\Theta$-Wert äußert und auf eine große Kettensteifheit infolge Fixierung von gleichzeitig mehreren OH-Gruppen unterschiedlicher Glucoseringe an *einem* Fe-Atom zurückzuführen ist (vgl. [17]). Das nichtwäßrige System $SO_2$/Diäthylamin/DMSO entspricht in seinem Verhalten weitgehend dem EWNN, indem auch hier bei hohen $[\eta]$-Werten $\alpha$ verhältnismäßig niedrig, $K_\Theta$ dagegen ebenso hoch wie bei EWNN liegt. Auch in der von *Hata* [3] vorgeschlagenen Struktur des Komplexes mit Cellulose ergeben sich Ähnlichkeiten zu EWNN, die eine stark aufgelockerte Knäuelstruktur im ungestörten Zustand verständlich erscheinen lassen.

Die Systeme DMSO/Methylamin und DMSO/Äthanolamin/NaBr/$NH_3$ zeigen übereinstimmend mit EWNN und DMSO/$SO_2$/Diäthylamin einen hohen $K_\Theta$-Wert, d. h. im ungestörten Zustand ein stärker aufgelockertes Knäuel, bzw. eine größere Kettensteifheit als die übrigen wäßrigen Systeme. Hinsichtlich des Expansionsfaktors finden wir für Cellulose in DMSO/Methylamin und in DMSO/Äthanolamin/NaBr/$NH_3$ dagegen Ähnlichkeit mit den wäßrigen Metallamminsystemen.

Beide Effekte, der hohe $K_\Theta$-Wert und der große Expansionsfaktor, führen in ihrer Summe zu den sehr hohen Viskositätszahlen der Cellulose in den letztgenannten nichtwäßrigen Lösungsmitteln.

Für die Moleküldimensionen der Cellulose in den von uns untersuchten wäßrigen und nichtwäßrigen Lösungsmitteln finden wir also keine prinzipiellen, sondern nur graduelle Unterschiede. Alle diese Lösungsmittel sind also für Untersuchungen zum Lösungszustand grundsätzlich geeignet und haben jeweils spezifische Vorzüge und Nachteile.

Für die gewissenhafte Durchführung der Messungen danken wir unseren Mitarbeiterinnen *E. Linow*, *G. Räder* und *W. Stern*.

*Literatur*

[1] *Philipp, B., Schleicher, H.,* und *Laskowski, I.:* Untersuchungen zur Quellung und Lösung von Cellulose in aminhaltigen Flüssigkeitsgemischen. 1. Mitt.: Literaturübersicht und Untersuchungen zum Verhalten von Cellulose in Gemischen von $SO_2$ und Diäthylamin mit einer organischen Flüssigkeit. Faserforsch. u. Textiltechnik **23** (1972) 2, S. 60–65.

[2] *Koura, A., Schleicher, H.,* und *Philipp, B.:* Untersuchungen zur Quellung und Lösung von Cellulose in aminhaltigen Flüssigkeitsgemischen. 2. Mitt.: Untersuchungen zur Löslichkeit von Cellulose in Dimethylsulfoxid/Amin-Gemischen. Faserforsch. u. Textiltechnik **23** (1972) 3, S. 128–133.

[3] *Hata, K.,* und *Yokota, K.:* Viscosity characteristics of cellulose in liquid sulfur dioxide. Sen-i Gakkaishi (J. Soc. Fiber Sci. Technol. Japan) **26** (1970) S. 571–577.

[4] *Philipp, B.*, und *Linow, K.-J.*: Zur Deutung der „Kettenlängendifferenz" zwischen Cuoxam- und Nitrat-DP der Cellulose auf Grund absoluter Molmassebestimmungen an einigen Cellulosederivaten. Faserforsch. u. Textiltechnik **21** (1970) S. 13—20.

[5] *Lukanoff, T.*, und *Philipp, B.*, in: *Brandrup, J.*, und *Immergut, E. H.*: Polymer Handbook. New York/London/Sydney: Interscience Publishers 1966. S. VI bis 24.

[6] *Kočevar, F.*, *Pogačnik, M.*, und *Povoden, V.*: Eine Modifizierung der Schnellmethode zur Bestimmung des DP von Cellulose nach *H. Doering*. Papier **11** (1957) S. 301—303.

[7] Zellcheming-Merkblatt IV 36/61.

[8] *Jayme, G.*, und *El-Kodsi, G.*: Über ein neues Verfahren zur Herstellung praktisch sauerstoffunempfindlicher Cellulose-$EWNN_{mod}$-Lösungen für Viskositätsmessungen und damit erhaltene Ergebnisse. Papier **22** (1968) S. 120 bis 124.

[9] *Donetzhuber, A.*: Zur Herstellung des Celluloselösungsmittels „Cadoxon". Svensk Papperstidn. **63** (1960) S. 447—448.

[10] *Linow, K.-J.*, *Wulf, K.*, und *Philipp, B.*: Über die Extrapolation der Viskositätszahl von Hochpolymeren auf das Geschwindigkeitsgefälle Null. Faserforsch. u. Textiltechnik **20** (1969) S. 521—528.

[11] *Linow, K.-J.*, und *Philipp, B.*: Zur Bestimmung der relativen Molekülmasse von Hochpolymeren durch Messung von Sedimentationsgeschwindigkeit und Viskositätszahl. Faserforsch. u. Textiltechnik **19** (1968) S. 509—513.

[12] *Dolmetsch, H.*: Über Zerfall, Erhaltung und Neubildung geordneter Strukturbereiche der Cellulose im Verlauf der Umfällung. Papier **13** (1959) S. 37—46.

[13] *Wandel, M.*: Das Verhalten der Cellulose beim Auflösen in Cuoxam und bei der Nitrierung. Neuere Anschauungen über den Verteilungszustand gelöster Cellulosen und ihren strukturellen Aufbau. Dissertation TH Stuttgart 1957.

[14] *Vink, H.*: Intrinsic viscosity — molecular weight — relationship for low molecular weight cellulose and oligosaccharides. Makromol. Chemie **94** (1966) S. 15 bis 19.

[15] *Lukanoff, T.*, und *Philipp, B.*, in: *Brandrup, J.*, und *Immergut, E. H.*: Polymer Handbook. New York/London/Sydney: Interscience Publishers 1966. S. VI — 21 bis VI — 22.

[16] *Fritzsche, P.*: Zum Problem der Beziehungen zwischen Grenzviskositätszahl und relativer Molekülmasse von Polyacrylnitril. Faserforsch. u. Textiltechnik **19** (1968) S. 559—563.

[17] *Valtasaari, L.*: The configuration of cellulose dissolved in iron-sodiumtartrate. Makromol. Chemie **150** (1971) S. 117—126.

[18] *Breitenbach, J. W.*, und *Frank, H. P.*: Spezifische Viskosität und Quellung von Polystyrolen. Mh. Chemie **77** (1946) S. 206—215.

*Eingegangen am 6. März 1972*

# Über grenzenflächenaktive Eigenschaften von Fettsäurepolyglykolestern unter Berücksichtigung ihrer Anwendung als Präparationsmittel[1)]

*Günther von Hornuff, TU Dresden, Sektion Chemie, und*

*Martin Heise, VEB Chemiefaserkombinat Schwarza „Wilhelm Pieck", Rudolstadt-Schwarza*

DK 677.044:677.045:547.29'26:547.42:678.644:541.183

Der Einfluß der Fettsäurekettenlänge und des Äthoxylierungsgrades technischer Fettsäurepolyglykolester auf die grenzflächenaktiven Eigenschaften dieser Substanzen wird beschrieben. Anhand von Untersuchungsergebnissen wird versucht, Zusammenhänge zwischen den Änderungen verschiedener Eigenschaften bei charakteristischen Äthoxylierungsgraden zu finden. Dabei werden Probleme, die für die Anwendung von Fettsäurepolyglykolestern als Präparationsmittel von Bedeutung sind, diskutiert.

*О поверхностно-активных свойствах полигликолевых эфиров жирных кислот с учетом их применения в качестве препараций для волокон*

Описывается влияние длины цепи жирной кислоты и степени этоксилирования технических поглиликолевых эфиров жирных кислот на их поверхностно-активные свойства. На основе экспериментальных данных делается попытка установления взаимосвязи между изменением различных свойств и характерными различиями в степени этоксилирования. Обсуж-даются вопросы, касающиеся применения этих эфиров в качестве препараций.

*Surface active Properties of Fatty Acid Polyglycolesters as Related to their Application as Sizing Agents*

The effects of the chain lenght and the degree of ethoxylation of commercial fatty acid polyglycolesters on their surface active properties is described. Relationships between the changes of various properties depending on the degree of ethoxylation are inferred from experimental results. The problems arising in the application of fatty acid polyglycolesters as sizing agents are discussed.

## 1. *Einleitung*

Die Forderung der Textilindustrie nach Spezialtypen von Chemiefaserstoffen für spezielle Einsatzgebiete sowie die kontinuierliche Entwicklung und Rationalisierung der Herstellungs- und Verarbeitungstechnologien haben in den letzten Jahrzehnten laufend höhere Anforderungen an die für die jeweiligen Technologien und Faserstoffe notwendigen Präparationsmittel gestellt.

1) Auszug aus der Dissertation *M. Heise*, Technische Universität Dresden 1970, Fakultät für Naturwissenschaften und Mathematik, Sektion Chemie.

Die große Zahl der angebotenen Präparationsmittel macht es dem Anwender schwer, die für seine speziellen Belange geeignete Präparation oder gar Kombination von Präparationsmitteln zu finden, da die anwendungstechnischen Forderungen an diese Produkte vielfältig und sehr unterschiedlich sind und sich die verschiedenen Einflüsse der Einzelkomponenten auf die Oberflächeneigenschaften der Faserstoffe überlagern. Bei den im Handel befindlichen Präparationsmitteln ist zu berücksichtigen, daß diese in der Regel Gemische mehrerer Komponenten darstellen.

Untersuchungen über die Einflußfaktoren auf das Verhalten von Präparationen in Lösungen und Emulsionen und ihre Wirkung auf die Eigenschaften von Faserstoffen lassen jedoch nur aussagekräftige Ergebnisse erwarten, wenn sie an den chemisch einheitlichen Komponenten dieser Produkte durchgeführt werden. Dabei sind die Konzentration in der Lösung bzw. Emulsion und die Präparationsauflage auf dem Faserstoff besonders zu berücksichtigen.

Für das Präparieren von Chemiefaserstoffen verschiedener Art werden in großem Umfang nichtionogene Präparationskomponenten auf der Basis von Äthylenoxidaddukten eingesetzt. In der vorliegenden Arbeit wurde der Einfluß des hydrophoben Molekülteils und des Äthoxylierungsgrades (ÄO-Grades) von Fettsäurepolyäthylenglykolestern auf deren Grenzflächenaktivität untersucht.

Als Präparationsmittel wurden Äthoxylierungsprodukte technischer Fettsäuren eingesetzt, die unter Verwendung fraktioniert destillierten Äthylenoxids im Labormaßstab hergestellt worden waren [1]. Durch stufenweise Äthoxylierung unterschiedlicher Fettsäuren wurden Fettsäurepolyglykolester mit abgestuften ÄO-Graden zwischen 2 und 30 mol Äthyloxid pro mol Fettsäure erhalten.

Da die chemische Zusammensetzung der technischen Fettsäuren in die spätere Deutung der Versuchsergebnisse einbezogen wird, werden die durch gaschromatographische Untersuchungen an den Methylestern ermittelten Bestandteile [1] angegeben.

| | |
|---|---|
| Techn. Laurinsäure: | 92% Laurinsäure, |
| | 8% Myristinsäure; |
| Techn. Hartfettsäure: | 12% Laurinsäure, |
| | 3% Myristinsäure, |
| | 40% Stearinsäure, |
| | 26% Ölsäure, |
| | 14% Palmitinsäure, |
| | 5% Arachinsäure und höhere Fettsäuren. |

## 2. *Das Verhalten von Präparationsmitteln in wäßriger Lösung und auf Faserstoffoberflächen*

Eingehende Untersuchungen an Tensidsystemen von *Hess*, *Hartley*, *Langmuir* und *Harkins* führten zu der Erkenntnis, daß die Mizellen und die an der Grenzfläche gebildete Schicht von Tensidmolekülen einen sehr hohen Ordnungsgrad aufweisen. Die langgestreckten Moleküle sind parallel ausgerichtet.

Diese Erkenntnisse wurden von *Senner* [2] auf die Grenzfläche zwischen Tensidlösung und Faserstoffoberfläche übertragen. Er leitet daraus ab, daß die hydrophoben Enden der Tensidmoleküle in der Lösung dem hydrophoben Faserstoff zugekehrt sind und nimmt an, daß diese Orientierung senkrecht zur Faserstoffoberfläche auch nach Entfernen des Lösungsmittels beibehalten wird. Daraus resultiert eine bürstenartige Belegung der Faserstoffoberfläche mit Präparationsmolekülen.

Nach Untersuchungen von *Bühler* [3] nimmt die Orientierung von Präparationsmolekülen an Grenzflächen mit der Länge des unpolaren Molekülteils zu, während eine extern eingebaute hydrophile Gruppe die Löslichkeit sowie andere Eigenschaften der Tenside begünstigt. Dieses für anionaktive und kationaktive Tenside geltende Bauprinzip findet sich im Aufbau der nichtionogenen Äthylenoxid-Addukte nur beschränkt bestätigt. In den nichtionogenen grenzflächenaktiven Verbindungen kann der hydrophile gegenüber dem hydrophoben Molekülteil beträchtliche Ausmaße annehmen.

Danach ist zu erwarten, daß mit steigendem Anteil an Äthylenoxid im Molekül der Fettsäurepolyglykolester eine Veränderung der Grenzflächenaktivität, der orientierten Adsorption auf der Faserstoffoberfläche und der Wirkung auf die Oberflächeneigenschaften von Faserstoffen verbunden ist.

## 3. *Einfluß des chemischen Aufbaues auf die Eigenschaften der Fettsäurepolyglykolester*

### 3.1. *Wasseraufnahme der Laurin- und Hartfettsäurepolyglykolester*

In der Literatur [4, 5, 6] werden zwei verschiedene Mechanismen für das Zustandekommen der Löslichkeit von Polyglykolverbindungen diskutiert, wonach diese auf einer Anlagerung von Wassermolekülen an den Äthersauerstoff über Wasserstoffbrücken bzw. auf der Bildung von Polyoxoniumverbindungen durch Anlagerung von Protonen an den Äthersauerstoff beruht. Aus zahlreichen Veröffentlichungen [7 bis 11] ist bekannt, daß eine Erhöhung des Wassergehaltes auf der Faserstoffoberfläche eine erfolgreiche Maßnahme zur Bekämpfung elektrostatischer Aufladungen ist und der Wasserhaushalt im Bereich der Oberfläche der Faserstoffe durch die Auftragung von Präparationen beeinflußt werden kann.

Bei der Bestimmung der Wasseraufnahme der Fettsäurepolyglykolester in Abhängigkeit von der relativen Luftfeuchte zeigte sich, daß die Einstellung des Gleichgewichtes selbst bei dünnen Präparationsschichten sehr lange Zeiten erfordert. Die Diffusionsgeschwindigkeit des Wassers in den bis auf wenige Ausnahmen hochviskosen Laurin- und Hartfettsäurepolyglykolestern verzögert die Einstellung des Gleichgewichtes. Für die Beschleunigung der Gleichgewichtseinstellung war eine Vergrößerung der Oberfläche der Präparationsschicht im Verhältnis zur Schichtdicke erforderlich.

Die Bestimmung wurde deshalb auf Glasseidengewebe durchgeführt, das bei großer Oberfläche selbst nur eine unbedeutende Feuchteaufnahme zeigt.

Die Wasseraufnahme wurde über die Gewichtsdifferenz zwischen den klimatisierten und den anschließend bis zur Massekonstanz getrockneten Proben berechnet. Die Klimatisierung erfolgt bei konstanter Temperatur über Schwefelsäure unter ständiger Luftumwälzung.

Bei der Trocknung der klimatisierten Glasseide im Trockenschrank zeigte sich, daß die Flüchtigkeit der aufgetragenen Präparationsmittel mit der Vergrößerung der Oberfläche stark zunimmt. Selbst bei einer Trockentemperatur von 70 °C traten nach längerer Zeit besonders bei niedrig äthoxylierten Fettsäuren Substanzverluste auf, die die aufgenommene Wassermenge teilweise übertrafen und somit deren Bestimmung unmöglich machten. Aus diesem Grunde wurde die Trocknung der präparierten Glasseide nach der Klimatisierung über $P_2O_5$ bis zur Massekonstanz bei Raumtemperatur durchgeführt.

Die Ergebnisse der Bestimmung der Wasseraufnahme bei 40, 60 und 80% rel. Luftfeuchte sind in den Bildern 1 und 2 in Abhängigkeit vom ÄO-Grad aufgetragen.

Daraus geht hervor, daß die Wasseraufnahme bei einer rel. Luftfeuchte von 40% sehr gering ist und mit steigendem ÄO-Grad abnimmt.

Bei einer rel. Luftfeuchte von 60% deutet sich in Abhängigkeit vom ÄO-Grad die Entstehung eines Maximums in der Wasseraufnahme an, das bei einer Erhöhung auf 80% rel. Luftfeuchte sehr deutlich ausgeprägt wird. Die größte Wassermenge wird von den Laurin- und Hartfettsäurepolyglykolestern mit ÄO-

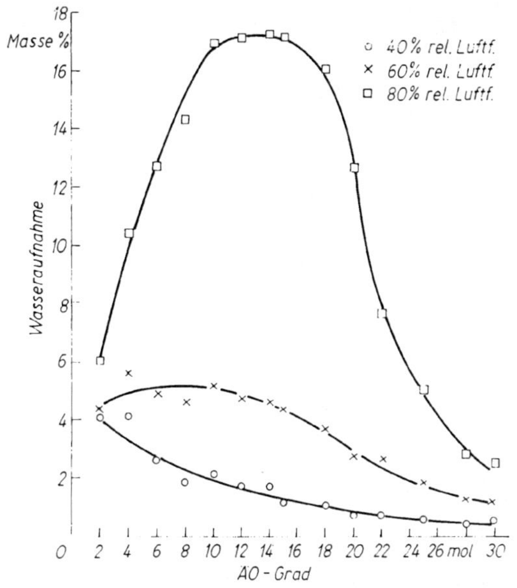


Bild 1. Wasseraufnahme von Laurinsäurepolyglykolestern in Masseprozent als Funktion des ÄO-Grades, bei rel. Luftfeuchten von 40, 60 und 80%

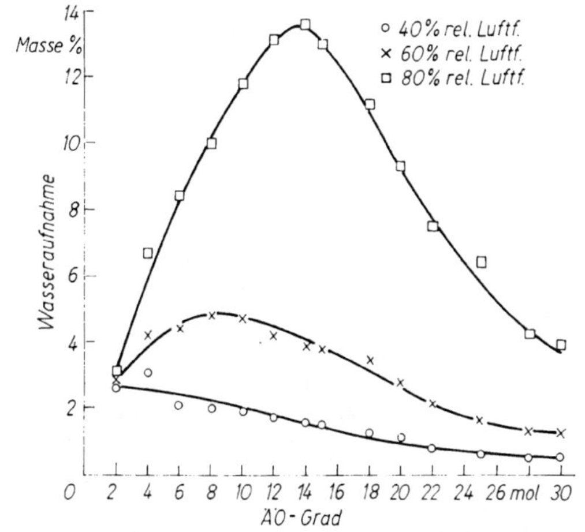


Bild 2. Wasseraufnahme von Hartfettsäurepolyglykolestern in Masseprozent als Funktion des ÄO-Grades bei rel. Luftfeuchten von 40, 60 und 80%

Graden von 10 bis 15 mol Äthylenoxid pro mol Fettsäure aufgenommen.

Unter Berücksichtigung des in der Literatur beschriebenen Einflusses der Feuchte auf die elektrostatische Aufladung von Faserstoffen kann daraus abgeleitet werden, daß die untersuchten Fettsäurepolyglykolester mit ÄO-Graden von 10 bis 15 mol die größte leitfähigkeitsverbessernde Wirkung erwarten lassen. Der chemische Aufbau der Fettsäurepolyglykolester läßt zwar eine einfache Erklärung dafür zu, daß die Wasseraufnahme bei hohen rel. Luftfeuchten im Bereich niedriger Äthoxylierung mit dem ÄO-Grad schnell ansteigt, jedoch nicht für einen steilen Abfall oberhalb eines ÄO-Grades von 14 bis 15 mol. Wenn die Zahl der Äthergruppen als Kriterium für die Löslichkeit und damit für die Anlagerung von Wasser angesehen werden kann, ist ein steter Anstieg der Wasseranlagerung mit zunehmendem ÄO-Grad zu erwarten. Der steile Abfall der Wasseraufnahme mit steigendem ÄO-Grad läßt daher auf entscheidende Veränderungen in den Eigenschaften der Laurin- und Hartfettsäurepolyglykolester schließen.

Berücksichtigt man bei der Darstellung der Abhängigkeit der Wasseraufnahme vom ÄO-Grad, daß sich innerhalb der homologen Reihe die rel. Molekülmasse der Fettsäurepolyglykolester schnell erhöht, und gibt die in den Bildern 1 und 2 in Masseprozent aufgetragene Wassermenge in g/mol an, so ergibt sich der in den Bildern 3 und 4 dargestellte Verlauf. Diese Darstellung gibt den Zusammenhang zwischen der chemischen Konstitution der Substanzen und der Wasseraufnahme besser wieder als die Bilder 1 und 2.

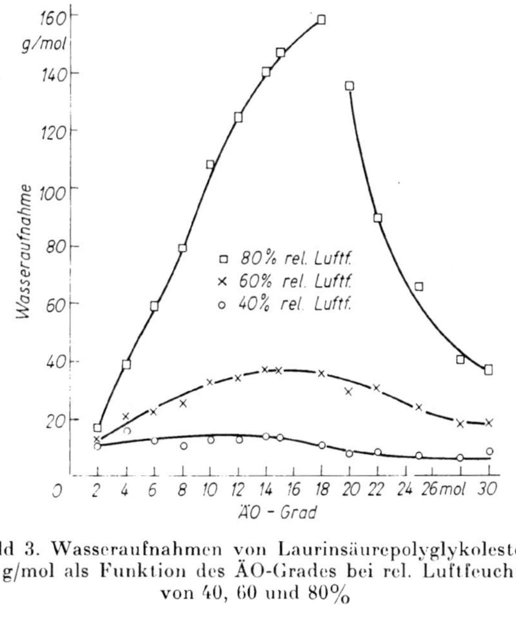


Bild 3. Wasseraufnahmen von Laurinsäurepolyglykolestern in g/mol als Funktion des ÄO-Grades bei rel. Luftfeuchten von 40, 60 und 80%

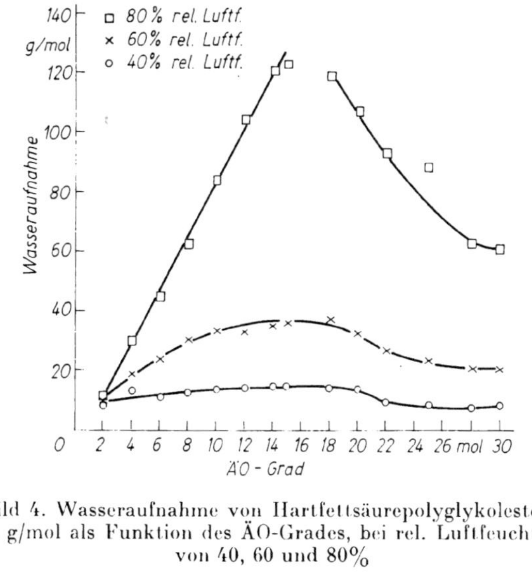


Bild 4. Wasseraufnahme von Hartfettsäurepolyglykolestern in g/mol als Funktion des ÄO-Grades, bei rel. Luftfeuchten von 40, 60 und 80%

Das Maximum der Wasseraufnahme in Abhängigkeit von der relativen Luftfeuchte verschiebt sich auf 18 bzw. 15 mol ÄO, und der Übergang zwischen ansteigender und abfallender Wasseraufnahme läßt sich auch bei den Laurinsäurepolyglykolestern nicht mehr als allmählicher Übergang darstellen. Es tritt vielmehr eine plötzliche Änderung der Eigenschaften nach Erreichen des Maximums auf. Sie ist, wie durch weitere Untersuchungen gezeigt werden konnte, von der molekularen Struktur der Fettsäurepolyglykolester abhängig.

### 3.2. *Oberflächenspannung wäßriger Lösungen*

Die Oberflächen- bzw. Grenzflächenspannung ist für alle Benetzungsvorgänge und für die Adsorption von Präparationsmitteln auf der Faserstoffoberfläche von Bedeutung. Die Oberflächenspannung wäßriger Lösungen von Äthylenoxidaddukten nimmt nach *Schönfeldt* [12] im allgemeinen mit steigendem Äthoxylierungsgrad zu und ist unterhalb der kritischen Mizellbildungskonzentration von der Konzentration des Tensids in der Lösung abhängig.

Die kritische Konzentration ionogener Tenside wird von *Frotscher* mit maximal 0,6% angegeben [13].

Aus einer Arbeit von *Bennewitz* ist bekannt, daß nichtionogene Alkylpolyglykoläther bereits bei niedriger Konzentration aggregieren und die Paraffin- und Polyglykolkettenlänge nur geringen Einfluß auf das Mizellbildungsgleichgewicht ausüben sollen. Von *Hornbogen* [14] werden für nichtionogene Tenside kritische Konzentrationen zwischen 0,1 und 0,05% genannt.

In Bild 5 sind Ergebnisse von Oberflächenspannungsmessungen an wäßrigen Lösungen von Laurinsäurepolyglykolestern mit der Torsionswaage nach der Ringabreißmethode dargestellt. An den 0,1%igen wäßrigen Lösungen dieser Substanzen wurde ein beträchtlicher Anstieg der Oberflächenspannung in Abhängigkeit vom ÄO-Grad gemessen. Dieser wird bei Erhöhung der Konzentration von 0,01 auf 0,1% geringer. Eine weitere Erhöhung der Konzentration auf 1,0% bringt nur noch bei niedrigen ÄO-Graden eine Verminderung der Oberflächenspannung (Bild 5).

Da mit zunehmender Konzentration ein Abfall der Oberflächenspannung nur bis zum Erreichen der kritischen Konzentration zu erwarten ist [1], kann angenommen werden, daß zumindest bei niedrigen ÄO-Graden die Mizellbildung erst oberhalb einer Konzentration von 0,1% einsetzt. Bei ÄO-Graden oberhalb 18 mol wurden

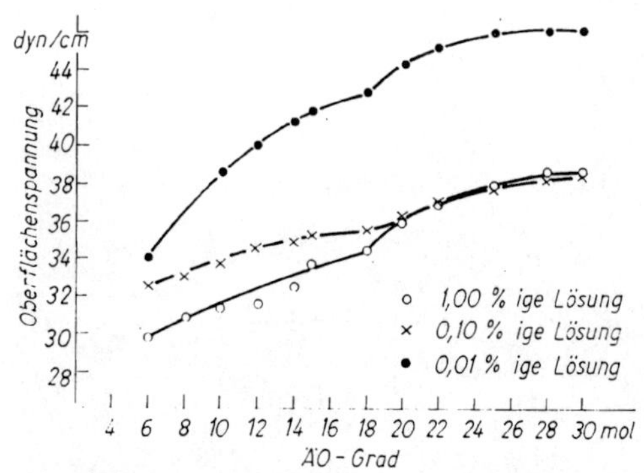


Bild 5. Oberflächenspannung wäßriger Lösungen von Laurinsäurepolyglykolestern als Funktion des ÄO-Grades

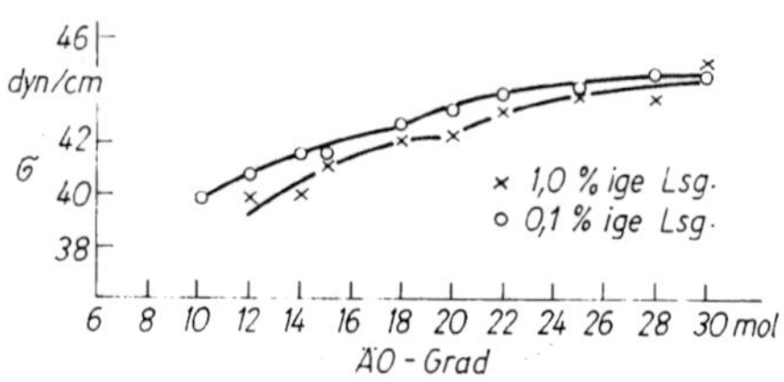


Bild 6. Oberflächenspannung wäßriger Lösungen von Hartfettsäurepolyglykolestern als Funktion des ÄO-Grades

an den 0,1- und 1,0%igen Lösungen gleiche Oberflächenspannungen gemessen.

Diese Meßergebnisse deuten darauf hin, daß neben der von *Schönfeldt* beschriebenen Abhängigkeit der Oberflächenspannung vom ÄO-Grad auch ein deutlicher Einfluß des ÄO-Grades auf die kritische Konzentration vorhanden ist und die Konzentration von 0,1% bei ÄO-Graden bis zu 18 mol unterhalb der kritischen Mizellbildungskonzentration liegt, während diese bei der gleichen Konzentration der Lösung durch ÄO-Grade über 18 mol bereits überschritten ist.

Eine interessante Erscheinung ist in dem diskontinuierlichen Anstieg der Oberflächenspannung mit steigendem ÄO-Grad zu sehen. Bei allen Konzentrationsstufen wurde eine Änderung des Kurvenanstiegs im Bereich zwischen 15 und 20 mol ÄO beobachtet. *Geipel* [1] stellte ebenfalls einen diskontinuierlichen Anstieg der Oberflächenspannung von Lösungen der Laurinsäurepolyglykolester fest, ohne jedoch auf dessen Ursachen einzugehen. Zur Ermittlung der Gründe für diese unstetige Änderung der Oberflächenspannung mit dem ÄO-Grad waren weitere Untersuchungen erforderlich, über die später berichtet wird. Messungen an Lösungen von Hartfettsäurepolyglykolestern zeigten, daß diese Substanzen eine geringere Oberflächenaktivität aufweisen, als die entsprechenden Laurinsäurederivate. Der an diesen gemessene diskontinuierliche Anstieg der Oberflächenspannung zwischen 15 und 20 mol ÄO ist in Bild 6 nur schwach angedeutet.

Auf Grund der bereits beschriebenen heterogenen Zusammensetzung der Hartfettsäure ist anzunehmen, daß die vom ÄO-Grad abhängigen Eigenschaftsänderungen durch die Einflüsse der verschiedenen Fettsäurereste überdeckt werden.

### 3.3. *Einfluß des pH-Wertes wäßriger Lösungen auf die Oberflächenspannung*

Die Bestimmung der kritischen Konzentration von Polyäthylenglykolderivaten kann nach *Thiele* [15] über pH-Wert-Messungen erfolgen. In Untersuchungen an Alkylphenoladdukten stellte er fest, daß in Abhängigkeit vom Lösungszustand Wasserstoffbrücken zwischen den phenolischen Substanzen und der Polyglykolkette gebildet werden, die den polaren Charakter der endständigen Hydroxylgruppe durch Ladungsverschiebungen so weit beeinflussen können, daß ein Proton abdissoziieren kann. Er beobachtete mit zunehmender Verdünnung bis zur kritischen Konzentration eine Zunahme des Säurecharakters der Lösung.

pH-Wert-Messungen an wäßrigen Lösungen von Laurinsäurepolyglykolestern unterschiedlichen ÄO-Grades, die mit einer mit Pufferlösung geeichten Glas-

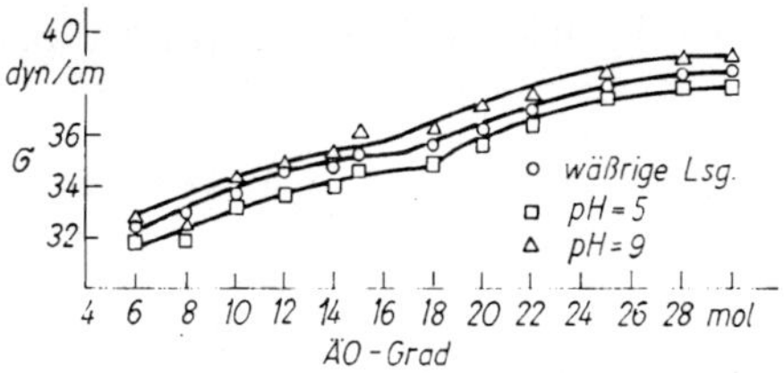


Bild 7. Oberflächenspannung 0,1%iger Lösungen von Laurinsäurepolyglykolestern als Funktion des ÄO-Grades bei unterschiedlichen pH-Werten

elektrode an 1,0-, 0,1- und 0,01%igen Lösungen durchgeführt wurden, haben gezeigt, daß mit zunehmender Verdünnung zwischen 1,0 und 0,1% ein größerer Abfall der pH-Werte zu verzeichnen ist, als zwischen 0,1 und 0,01%.

Da die Oberflächenspannung und der pH-Wert der Lösungen Beziehungen zum Lösungszustand der Laurinsäurepolyglykolester erkennen lassen, wurde der Einfluß des pH-Wertes auf die Oberflächenspannung untersucht. Die Lösungen wurden auf pH-Werte von 5 und 9 eingestellt. Durch Veränderung des pH-Wertes der Lösungen ergibt sich eine geringe Parallelverschiebung der Oberflächenspannungskurven in Abhängigkeit vom ÄO-Grad. Die Oberflächenspannung wird mit ansteigendem pH-Wert größer (Bild 7).

Unter der Wirkung starker Säuren können aus Äthern Polyoxoniumsalze gebildet werden [16]. Die Verschiebung der Oberflächenspannung durch den pH-Wert kann daher auf die Begünstigung der Bildung von Hydroxoniumstrukturen im sauren Bereich bzw. deren Zurückdrängung im alkalischen Bereich zurückgeführt werden. Danach ist im sauren Gebiet eine mehr kationaktive Reaktion der Fettsäurepolyglykolester vorhanden, während im alkalischen Gebiet das Gleichgewicht zwischen der Wasseranlagerung und der Hydroxoniumstruktur in Richtung der Wasseranlagerungsverbindung verschoben ist.

Die bereits erwähnte diskontinuierliche Änderung der Oberflächenspannung mit dem ÄO-Grad im Bereich zwischen 15 und 20 mol ÄO wurde auch an den Lösungen mit verschiedenen pH-Werten beobachtet.

### 3.4. *Randwinkelmessungen*

Von *Gärtner* [17] wurden Arbeiten über die Messung von Randwinkeln an Cellulosefolien durchgeführt und verschiedene Meßmethoden miteinander verglichen.

Danach ist die indirekte Messung der Randwinkel über die Messung der Höhe des Flüssigkeitsminiskus an einer vertikalen Probenoberfläche nach *Neumann* [18] am geeignetsten. Diese Methode wurde für die vorliegenden Untersuchungen verwendet.

Der Zusammenhang zwischen dem Randwinkel und der Steighöhe ist gegeben durch:

$$\sin \theta = 1 - \frac{\varrho \cdot g \cdot h^2}{2\sigma};$$

$\varrho$ = Dichte,
$h$ = Steighöhe,
$\sigma$ = Oberflächenspannung.

Die Messung der Randwinkel an polyfilen Polyamidseiden führt bei der Anwendung dieser Methode zwangsläufig zu Fehlergebnissen, da die Steighöhe durch die zwischen den Filamenten wirkenden Kapillarkräfte beeinflußt wird. Die Messungen wurden daher an Polyamidborsten in Präparationslösungen und an präparierten Polyamidfolien in Wasser durchgeführt.

Als Meßgerät wurde die in der Dissertation von *Gärtner* beschriebene Apparatur verwendet, die ein senkrechtes Eintauchen der Probe in die Flüssigkeit gewährleistet. Zur Ablesung der Steighöhe diente ein Stereomikroskop (Citoplast, VEB Carl Zeiss Jena) mit Okularmikrometer.

Die Randwinkelmessungen wurden an jeweils drei Polyamidfolien bzw. Polyamidborsten durchgeführt. An jeder Folie oder Borste wurden sieben Werte gemessen, von denen der höchste und der niedrigste Wert nicht in die Auswertung einbezogen wurden. Für die Errechnung der Mittelwerte standen somit jeweils 15 Einzelwerte zur Verfügung.

#### 3.4.1. *Randwinkel zwischen präparierten Polyamidfolien und Wasser*

Die durch Extraktionen mit Tetrachlorkohlenstoff gereinigten Polyamidfolien wurden durch Eintauchen in 5%ige Lösungen der Fettsäurepolyglykolester unterschiedlichen ÄO-Grades präpariert und an der Luft getrocknet.

An den so vorbereiteten Proben wurden Randwinkelmessungen nach der o. g. Methode durchgeführt. Die präparierten Folien wurden in Wasser eingetaucht und die Steighöhe des Wassers an der vertikalen Probenoberfläche ausgemessen.

Aus den Ergebnissen in Bild 8 geht hervor, daß sich die Laurin- und Hartfettsäurepolyglykolester in ihrem Einfluß auf den Randwinkel nicht wesentlich unterscheiden. Nach bereits erfolgter Adsorption der grenzflächenaktiven Substanz an der Polyamidoberfläche ist die Benetzung der Folie mit Wasser vorwiegend vom ÄO-Grad der aufgebrachten Präparation und weniger von deren hydrophober Fettsäurekomponente abhängig.

Im Bereich niedriger Äthoxylierung ergibt sich ein Abfall der Randwinkel mit steigendem ÄO-Grad bis zu ca. 15 mol. Oberhalb 15 mol steigen die Randwinkel wieder an und nähern sich schnell konstanten Werten.

Der Verlauf der Randwinkelkurven in Abhängigkeit vom ÄO-Grad entspricht im wesentlichen dem Verlauf der Wasseraufnahme der reinen Präparationsmittel bei hohen rel. Luftfeuchten (vgl. Bilder 1 und 2). Die Konzentration der zum Präparieren verwendeten Lösungen übt offensichtlich keinen Einfluß auf die Größe der Randwinkel aus. Nach dem Präparieren der

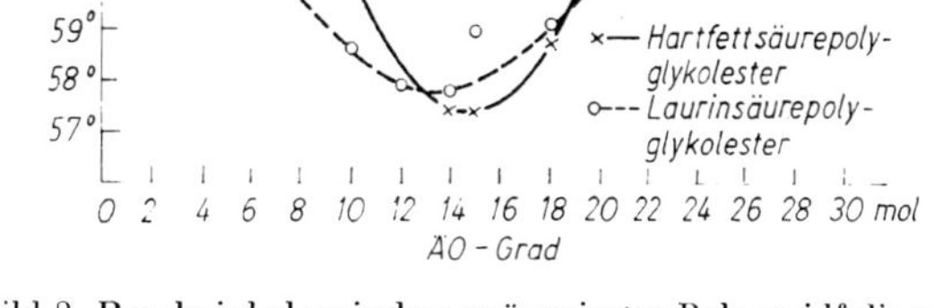


Bild 8. Randwinkel zwischen präparierter Polyamidfolie und Wasser als Funktion des ÄO-Grades von Laurin- und Hartfettsäurepolyglykolestern

Polyamidfolien in 0,1-, 1- und 5%igen Lösungen der Fettsäurepolyglykolester wurden keine Randwinkelunterschiede gemessen.

Aus diesen Ergebnissen ist auf eine vollständige Bedeckung der Polyamidfolienoberfläche mit Präparationsmolekülen bereits bei einer Konzentration des Präparationsbades von 0,1% zu schließen. Differenzen im Randwinkel wären nur bei unvollständiger Bedeckung der Faserstoffoberfläche mit Präparation zu erwarten, da die Größe des sich ausbildenden Randwinkels lediglich von der Natur und der Anordnung der Moleküle der äußersten Oberflächenschicht abhängt.

### *3.4.2. Randwinkel zwischen unpräparierter Polyamidborste und Präparationslösungen*

Grundsätzlich anders als die Benetzung der präparierten Folie verläuft die Benetzung unpräparierter Polyamidborsten durch Lösungen der Laurinsäure- und Hartfettsäurepolyglykolester. Im Bereich niedriger Äthoxylierung ergaben die Messungen an Lösungen von Laurinsäurepolyglykolestern eine geringe Vergrößerung der Randwinkel mit dem ÄO-Gehalt bis zu etwa 15 mol ÄO.

Zwischen 15 und 20 mol ÄO tritt eine starke Vergößerung der Randwinkel ein, die sich bei weiterer Steigerung des ÄO-Grades dann rasch einem konstanten Wert nähern. Im Konzentrationsbereich zwischen 0,1 und 1,0% war nur bei niedriger Äthoxylierung eine deutliche Abhängigkeit des Randwinkels von der Konzentration der Präparationslösung zu beobachten. Ab 18 mol ÄO tritt keine Erniedrigung des Randwinkels mit steigender Konzentration mehr auf (Bild 9).

Die an Lösungen von Hartfettsäurepolyglykolestern ermittelten Randwinkel zeigen ein ähnliches Verhalten. Sie liegen wesentlich höher als die an Lösungen der Laurinsäurepolyglykolester gemessenen.

Während die Randwinkel präparierter Polyamidfolien in Wasser in Abhängigkeit vom ÄO-Grad ein Minimum im Bereich der maximalen Wasseraufnahme der Präparation ausweisen, bleiben die an unpräparierten Polyamidborsten in Präparationslösungen gemessenen im Bereich niedriger Äthoxylierung annähernd konstant. Diese Beobachtung läßt darauf schließen, daß für die Ausbildung der Randwinkel in den beiden Fällen verschiedene Mechanismen wirksam sind. Es ist anzunehmen, daß die Oberfläche der präparierten Polyamidfolie nicht nur von einer monomolekularen Schicht von Präparationsmolekülen bedeckt ist.

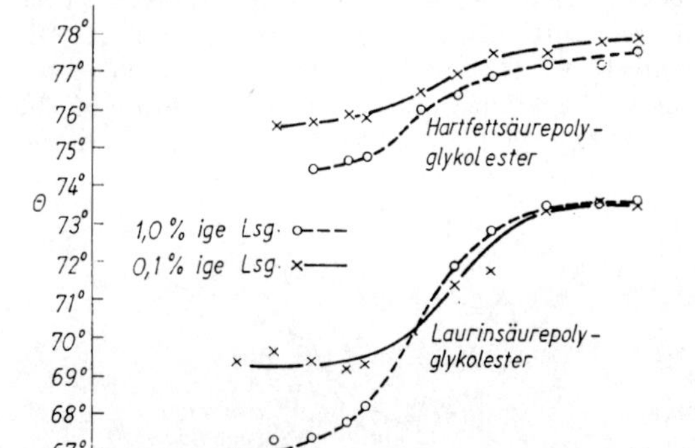


Bild 9. Randwinkel zwischen unpräparierten Polyamidborsten und wäßrigen Lösungen von Laurin- und Hartfettsäurepolyglykolestern als Funktion des ÄO-Grades

Beim Herausziehen der Polyamidfolie aus der Präparationslösung haftet ein Film dieser Lösung an der Oberfläche der Polyamidfolie. Die in dem Film gelöste Präparationssubstanz verbleibt nach dem Trocknen der Polyamidfolie auf der Oberfläche.

*Graham* [19] und *Bühler* [3] stellten Maxima und Minima in der elektrostatischen Aufladung von Faserstoffen in Abhängigkeit von der Präparationsauflage fest. Sie führten die Entstehung dieser Maxima und Minima darauf zurück, daß beim Vorhandensein einer monomolekularen Präparationsschicht auf der Faserstoffoberfläche eine weitere Adsorption mit einem Richtungswechsel der Orientierung der Präparationsmoleküle verbunden ist. Danach bilden von Schicht zu Schicht abwechselnd die hydrophilen und hydrophoben Molekülteile der Tenside die äußerste Oberfläche und beeinflussen deren Eigenschaften. Mit wachsender Anzahl der Schichten nimmt die Orientierung bis zur Erreichung eines isotropen Zustandes ab.

Überträgt man diese Vorstellungen auf die präparierte Polyamidfolie, so kann aus den Meßergebnissen abgeleitet werden, daß beim Vorhandensein mehrerer Präparationsschichten die Größe der Randwinkel nur von der Möglichkeit der Wasseranlagerung bestimmt wird. Beim Eintauchen einer von Präparation freien Polyamidborste in eine Präparationslösung ist dagegen nur eine monomolekulare Bedeckung der Oberfläche zur Erreichung einer Benetzung erforderlich und damit die Adsorption einer monomolekularen Präparationsschicht mit den zum Wasser gerichteten hydrophilen Gruppen für die Größe des Randwinkels bestimmend.

Die an den Laurinsäurepolyglykolestern im ÄO-Bereich zwischen 15 und 20 mol gemessene starke Vergrößerung der Randwinkel ist in engem Zusammenhang mit der Veränderung der Oberflächenspannung und der Wasseraufnahme in diesem ÄO-Bereich zu sehen. Wie die Oberflächenspannung zeigen auch die Randwinkel bei Konzentrationen der Lösungen von 0,1 und 1% nur im Bereich niedriger Äthoxylierung eine Konzentrationsabhängigkeit.

Die Änderung der Oberflächenspannung und der Randwinkel in Abhängigkeit vom ÄO-Grad zwischen 15 und 20 mol wird auf die Verminderung der Anzahl der auf der Polyamidoberfläche orientiert adsorbierten Präparationsmoleküle zurückgeführt. Für eine derartige Verminderung kommt eine sterische Behinderung in Betracht, die sich aus einer Änderung der Struktur der Präparationsmoleküle ergibt.

Aus der an 0,1- und 1%igen Lösungen der Laurinsäurepolyglykolester gemessenen Aufhebung der Konzentrationsabhängigkeit der Oberflächenspannung und der Randwinkel bei ÄO-Graden über 18 mol ist zu schließen, daß mit der Strukturänderung eine Verschiebung der kritischen Konzentration verbunden ist.

## *4. Zusammenfassung*

In Untersuchungen über die Eigenschaften von Laurin- und Hartfettsäurepolyglykolestern wurde festgestellt, daß diese von der Fettsäurekomponente und vom Äthoxylierungsgrad abhängig sind. In einem sehr engen ÄO-Grad-Bereich konnten charakteristische Änderungen der Wasseraufnahme im Gleichgewicht mit der rel. Luftfeuchte, der Oberflächenspannung und der Randwinkel nachgewiesen werden. Die Wasseraufnahme der untersuchten Fettsäurepolyglykolester steigt zunächst mit zunehmendem ÄO-Grad an und fällt nach Erreichen eines Maximums wieder steil ab. Die Oberflächenspannung wäßriger Lösungen und der Randwinkel zwischen unpräparierten Polyamidborsten und wäßrigen Lösungen der Fettsäurepolyglykolester zeigen im Bereich dieses Maximums einen stärkeren Anstieg als bei niedrigeren oder höheren ÄO-Graden. Mit den genannten Eigenschaftsänderungen ist eine Verschiebung der kritischen Konzentration in wäßriger Lösung verbunden.

Die Eigenschaftsänderungen sind bei den Laurinsäurepolyglykolestern mit einer weitgehend einheitlichen Fettkettenlänge ausgeprägter als bei den entsprechenden Hartfettsäurederivaten mit heterogener Fettkettenlänge.

## 5. *Literaturverzeichnis*

[1] *Geipel, G.:* Beiträge zu der Darstellung, dem Eigenschaftsbild und dem Reaktionsverlauf der Polyäthylenglykolester technischer Fettsäuren. Diplomarbeit Halle 1966.

[2] *Senner, P.:* Über chemische Zusammensetzung und Wirksamkeit antistatischer Präparationsmittel auf PERLON. Reyon, Zellwolle andere Chemiefasern **8** (1958) S. 666 bis 670, 744—748, 807—813, 865—867.

[3] *Bühler, M.:* Über Zusammenhänge zwischen Konstitution und Wirksamkeit von antistatischen Substanzen. Textil-Praxis **12** (1957) S. 1142—1149, 1234—1245.

[4] *Chwalla, A.,* und *Martina, A.:* Theorie und Praxis der ionogen aktiven und ionogen inaktiven seifenartigen Stoffe. Textil-Rdsch., St. Gallen **11** (1947) S. 147.

[5] *Wurzschmidt, B.:* Systematik der qualitativen Untersuchung kapillaraktiver Substanzen. Z. analyt. Chemie **130** (1950), S. 105.

[6] *Kling, W.,* und *Lange, H.:* Über das elektrophoretische Verhalten von Pigmentteilchen in Waschmittellösungen. Kolloid-Z. **127** (1952) S. 19.

[7] *Sippel, A.:* Die Bedeutung und Beseitigung der elektrostatischen Aufladung der Textilfasern. Melliand Textilber. **35** (1954) 8, S. 831—835.

[8] *Wagner, E.:* Verhalten anti-elektrostatisch ausgerüsteter Textilien bei Trag- und Waschversuchen. Chemiefasern **11** (1961), S. 187—191, 410—412, 477—482.

[9] *Düring, G.:* Statische Elektrizität in der Textilindustrie SVF Fachorg. Textilveredlung Basel **17** (1962) 4, S. 242 259.

[10] *Wegener, W.,* und *Topf, W.:* Dielektrizitätskonstante und Wirksamkeit antistatischer Avivagen. Teil 1.2. Textil-Praxis **18** (1963) S. 327—332, 417—421.

[11] *Schiedewitz, H.:* Antistatische Textilhilfsmittel. Dt. Textiltechnik **7** (1957) 5, S. 315—317.

[12] *Schönfeldt, N.:* Oberflächenaktive Anlagerungsprodukte des Äthylenoxids. Stuttgart: Wissenschaftl. Verlagsgesellsch. 1959.

[13] *Frotscher, H.:* Chemie und physikalische Chemie der Textilhilfsmittel. Berlin: Verlag Technik 1954.

[14] *Hornbogen, G.:* Untersuchungen an Äthylenoxid-Addukten technischer Alkylphenole und Fettalkohole. Diplomarbeit, Technische Universität Dresden, Institut für Textilchemie 1965.

[15] *Thiele, K.:* Einige Untersuchungen über die Komplexbildung von Verbindungen des Typs Dispersal BO und Phenolen. Diplomarbeit Halle 1966.

[16] *Frotscher, H.:* Probleme der antistatischen Permanentausrüstung Melliand Textilber. **41** (1960) 9, S. 1121 bis 1124.

[17] *Gärtner, R.:* Studien zum Oberflächenverhalten von Faserstoffen. Dissertation, Technische Universität Dresden, Institut für Textilchemie 1967.

[18] *Neumann, A. W.:* Über die Meßmethodik zur Bestimmung der grenzflächenenergetischen Größen. Z. physik. Chemie **41** (1964) S. 339.

[19] *Graham, G.:* Verminderung statischer Aufladungen durch Hemmstoffe. Chemie-Ing.-Technik **24** (1952) S. 519.

*Eingegangen am 6. März 1972*

# Einfluß des Äthoxylierungsgrades auf die Struktur von Fettsäurepolyglykolestern[1)]

*Günther von Hornuff, TU Dresden, Sektion Chemie, und*
*Martin Heise, VEB Chemiefaserkombinat Schwarza „Wilhelm Pieck“, Rudolstadt-Schwarza*

DK 677.044/.045:547.29'26:678.644:543.226:543.422.4:543.422.8

Bei zunehmender Äthoxylierung von Fettsäuren treten in einem engen Äthoxylierungsbereich Änderungen der Eigenschaften der Fettsäurepolyglykolester auf. Ergebnisse von Röntgen-, DTA- und IR-spektroskopischen Untersuchungen deuten darauf hin, daß die Eigenschaftsänderungen durch eine Änderung der Struktur der Fettsäurepolyglykolester bedingt sind.

*Влияние степени этоксилирования на структуру полигликолевых эфиров жирных кислот*

С увеличением степени этоксилирования жирных кислот в одной узкой области этоксилирования наблюдается измемение свойств полигликолевых эфиров этих кислот. Результаты рентгенографических и ИР-спектроскопических исследований, а также ДТА указывают на то, что это изменение вызывается измемением структуры эфиров.

*Effect of the Degree of Ethoxylation on the Structure of Fatty Acid Polyglycolesters*

Increasing ethoxylation of fatty acids result in changes of the properties of fatty acid polyglycolesters within a narrow range of ethoxylation. X-ray, DTA and IR spectroscopic investigations indicate that the changes in Properties are caused by structural changes in the fatty acid polyglycolesters.

## 1. *Einleitung*

Bei Untersuchungen über den Einfluß der Kohlenwasserstoffkettenlänge und des Äthoxylierungsgrades (ÄO-Grades) auf die Eigenschaften von Fettsäurepolyglykolestern wurde gefunden, daß diese bei einem bestimmten ÄO-Grad beträchtliche Veränderungen erfahren. Die Untersuchungen wurden an stufenweise äthoxylierter Laurinsäure mit weitgehend einheitlicher Fettsäurekettenlänge und technischer Hartfettsäure mit heterogener Fettsäurekettenlänge durchgeführt [1].

Dabei wurde festgestellt, daß die Wasseraufnahme der Fettsäurepolyglykolester mit dem ÄO-Grad bis zu 18 mol ÄO ansteigt und bei weiterer Äthoxylierung wieder steil abfällt. Der Anstieg der Oberflächenspannung wäßriger Lösungen der Fettsäurepolyglykolester mit dem ÄO-Grad zeigt bei 18 mol ÄO eine deutliche Unstetigkeit, und die Randwinkel zwischen Polyamidborsten und wäßrigen Lösungen der Fettsäurepolyglykolester wurden bei ÄO-Graden zwischen 15 und 20 mol stark vergrößert. Darüber hinaus sind Oberflächenspannung und Randwinkel bei niedrigen ÄO-Graden im Konzentrationsbereich zwischen 0,1 und 1,0% konzentrationsabhängig, während bei ÄO-Graden ab 18 mol keine Konzentrationsabhängigkeit mehr gemessen wurde. Daraus kann eine Verschiebung der kritischen Konzentration bei einem ÄO-Grad von 18 mol abgeleitet werden.

Zur Ermittlung der Ursachen für die gesamten Eigenschaftsänderungen wurden Röntgen-, DTA- und UR-spektroskopische Untersuchungen durchgeführt.

## 2. *Röntgenstrukturuntersuchungen an Laurin- und Hartfettsäurepolyglykolestern*

Zur Aufklärung der Ursachen für die bei Randwinkelmessungen, Oberflächenspannungsmessungen und Wasseraufnahmebestimmungen beobachteten Eigenschaftsänderungen der Fettsäurepolyglykolester in bestimmten ÄO-Grad-Bereichen wurden Röntgenstrukturuntersuchungen durchgeführt. Derartige Untersuchungen sind bereits von *Kehren* und *Rösch* [2] zur Aufklärung der Struktur äthoxylierter Alkohole angewendet und beschrieben worden.

[1)] Auszug aus der Dissertation *M. Heise*, Technische Universität Dresden 1970, Fakultät für Naturwissenschaften und Mathematik, Sektion Chemie.

Diese Autoren konnten nachweisen, daß Strukturänderungen in Abhängigkeit vom ÄO-Grad der Substanzen erfolgen, die einen Einfluß auf deren Eigenschaften und Wirkung haben können. Sie konstruierten unter Verwendung bekannter Valenzwinkel und Kernabstände der verschiedenen Bindungen ein Modell, nach dem sich die Größe der Moleküle von Polyäthylenglykolderivaten berechnen läßt. Sie fanden unter Annahme einer Zickzackstruktur und Berücksichtigung der sich durch die verschiedenen Valenzwinkel ergebenden, schiefgestellten Bindungsdreiecke eine durchschnittliche Ausdehnung der Äthylenoxidgruppe von 3,48 Å. Durch Messung von Röntgeninterferenzen konnten die berechneten Molekülgrößen bei niedrigen ÄO-Graden bestätigt werden. An äthoxylierten Fettalkoholen mit mehr als 9 mol ÄO wurden geringere Netzebenenabstände gemessen, als berechnet wurden. Die Autoren führen diese Differenz auf eine Strukturänderung im grenzflächenaktiven Molekül unter Ausbildung der schon von *Staudinger* und anderen Autoren gefundenen Mäanderstruktur zurück. Eine Anlagerung von Äthylenoxid in der Mäanderstruktur kann unter Beibehaltung der in der Zickzackkette vorhandenen Valenzwinkel erfolgen, so daß keine Spannungen im Molekül auftreten. In der Literatur werden für die Ausdehnung einer Mäander-ÄO-Gruppe unterschiedliche Werte angegeben. Diese schwanken zwischen 1,86 Å und 2,17 Å.

*Kehren* und *Rösch* fanden einen Wert von ca. 2 Å. Aus ihren Untersuchungen ergab sich für äthoxylierte Fettalkohole eine Umlagerung der Zickzackstruktur bei einem ÄO-Grad von etwa 11 mol, während *Staudinger* [3] diesen Punkt an Polyäthylenoxiden bei 9 mol gefunden hatte. Die Verschiebung dieses Punktes nach höheren ÄO-Graden wurde von *Kehren* und *Rösch* auf den Einfluß der Fettalkoholkette zurückgeführt.

Zur Ermittlung der Struktur der Laurin- und Hartfettsäurepolyglykolester wurden Röntgenstrukturuntersuchungen mit einer *Kießig*-Kamera unter Verwendung von Kupfer-$K_\alpha$-Strahlung, Nickelfilter und ORWO-Laue-Filme durchgeführt. Die Auswertung erfolgte mit einem Zeiss-Schnellphotometer. Die Röntgeninterferenzen wurden aus technischen Gründen nur an

*Tabelle 1. Berechnete und gemessene Netzebenenabstände der Laurinsäurepolyglykolester*

| ÄO-Grad mol | Netzebenenabstand in Å | |
|---|---|---|
| | berechnet | gemessen |
| 2 | 24,9 | 33 |
| 18 | 80,6 | 81 |
| 20 | 87,6 | 85 |
| 22 | 94,5 | 89 |
| 25 | 105,0 | 91 |
| 28 | 115,4 | 100 |
| 30 | 122,4 | 104 |

*Tabelle 2. Berechnete und gemessene Netzebenenabstände der Laurinsäurepolyglykolester nach Ausbildung der Mäanderstruktur bei ÄO-Graden oberhalb* 18 mol

| ÄO-Grad mol | Netzebenenabstand in Å | |
|---|---|---|
| | berechnet | gemessen |
| 18 | 80,6 | 81 |
| 20 | 84,6 | 85 |
| 22 | 88,6 | 89 |
| 25 | 94,6 | 91 |
| 28 | 100,6 | 100 |
| 30 | 104,6 | 104 |

den bei Zimmertemperatur wachsartigen bis festen Substanzen ermittelt. Diese Einschränkung des Versuchsumfanges war möglich, da die genannten Fettsäurepolyglykolester im vermutlichen Strukturänderungsbereich alle in fester Form vorliegen. In Tabelle 1 sind die nach Angaben von *Kehren* und *Rösch* für die Laurinsäurepolyglykolester berechneten Molekülabmessungen den über Röntgeninterferenzen gemessenen Werten gegenübergestellt. Bei der Berechnung wurde für die Polyglykolkette die Zickzackstruktur angenommen. Die Meßergebnisse zeigen, daß bei 2 mol ÄO ein höherer Wert gefunden, als berechnet wurde. Bei 18 mol ist zwischen beiden Werten eine sehr gute Übereinstimmung vorhanden. Zwischen 18 und 30 mol ÄO tritt eine erhebliche Verschiebung zwischen den berechneten und den gemessenen Werten auf. Die Differenz wird mit zunehmendem ÄO-Grad größer. Anhand dieser Ergebnisse ist anzunehmen, daß oberhalb 18 mol ÄO eine Änderung der Molekülstruktur eintritt.

Setzt man voraus, daß ab einem ÄO-Grad von 18 mol eine weitere Anlagerung von Äthylenoxid nicht mehr in

*Tabelle 3. Berechnete und gemessene Netzebenenabstände der Hartfettsäurepolyglykolester*

| ÄO-Grad mol | Netzebenenabstand in Å | | |
|---|---|---|---|
| | berechnet Zickzack-struktur | gemessen | berechnet Mäanderstruktur |
| 10 | 59 | 77 | — |
| 14 | 73 | 82 | — |
| 18 | 87 | 87 | — |
| 20 | 94 | 94 | — |
| 22 | 101 | 98 | 98 |
| 25 | 111 | 101 | 104 |
| 30 | 129 | 107 | 114 |

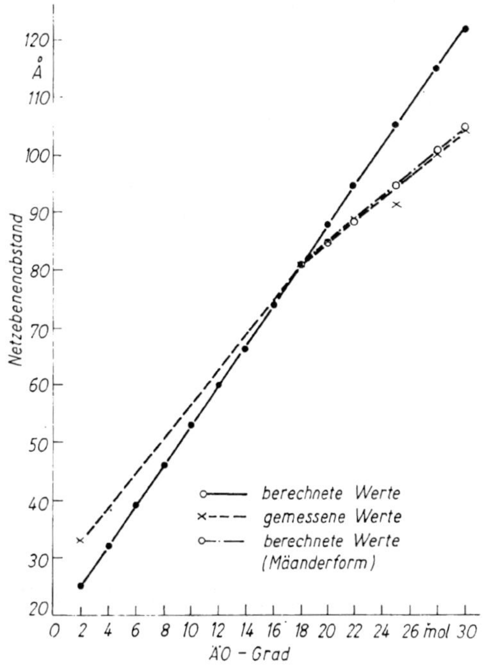


Bild 1. Netzebenenabstände von Laurinsäurepolyglykolestern als Funktion des ÄO-Grades

Form der Zickzackketten, sondern in der Mäanderform erfolgt und die Ausdehnung einer ÄO-Gruppe in der Mäanderform ca. 2 Å beträgt, so ergibt sich zwischen den berechneten und den gemessenen Werten die in Tabelle 2 gezeigte Übereinstimmung. Daraus ist zu erkennen, daß zwischen den gemessenen und den berechneten Werten eine sehr gute Übereinstimmung vorhanden ist. Diese Meßergebnisse bestätigen die Annahme der Strukturänderung der Laurinsäurepolyglykolester bei 18 mol bis 20 mol ÄO (Bild 1). Anders als bei den Laurinsäurepolyglykolestern liegen die Verhältnisse bei den entsprechenden Hartfettsäurepolyglykolestern (Tabelle 3). Hier bereitet schon die genaue Berechnung der theoretischen Molekülabmessungen durch die heterogene Zusammensetzung der Hartfettsäure Schwierigkeiten. Der Umwandlungspunkt ist gegenüber den Laurinsäurepolyglykolester von 18 auf 20 mol ÄO verschoben. Eigentlich liegen nur die an den 18- und 20-mol-Addukten gemessenen Netzebenenabstände auf der theoretisch berechneten Kurve in Bild 2.

Bei niedrigerer Äthoxylierung liegen die gemessenen Werte höher als die berechneten, bei höherer Äthoxylierung niedriger als die unter Berücksichtigung der Mäanderstruktur berechneten. Allerdings ist dabei zu beachten, daß die Länge des Fettsäurerestes mit 17 C-Atomen nur einen Mittelwert darstellt, der sich aus den unterschiedlichen Anteilen der verschiedenen in der technischen Hartfettsäure enthaltenen Fettsäuren ergibt.

Die unterschiedlich langen Fettsäurereste der technischen Hartfettsäure können zu einer Auflockerung des Molekülgitters der Hartfettsäurepolyglykolester führen, so daß die längsten Molekülketten für die Größe der Gitterabstände ausschlaggebend sind. Dadurch werden im Bereich niedriger Äthoxylierung bis zu 15 mol größere Netzebenenabstände gemessen als berechnet wurden. Darüber hinaus besteht die Möglichkeit, daß die in der

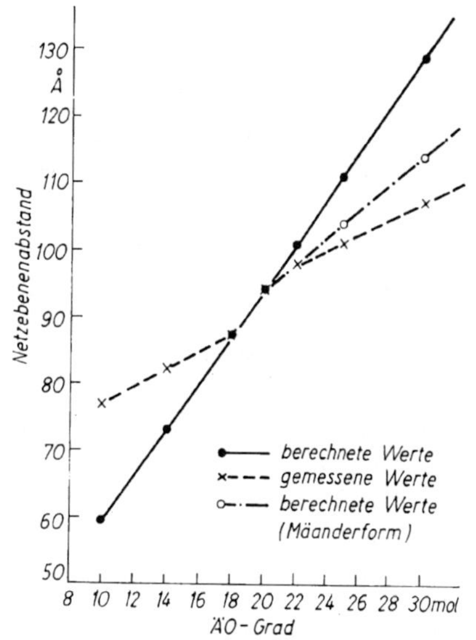


Bild 2. Netzebenenabstand von Hartfettsäurepolyglykolestern als Funktion des ÄO-Grades

Hartfettsäure enthaltene Ölsäure als ungesättigte Fettsäure eine unterschiedliche Anlagerung von Äthylenoxid gegenüber den gesättigten Fettsäuren bewirkt und somit auch zu verschieden langen Poylglykolketten führen kann. Durch die Strukturänderung kann eine relative Verminderung der Polyglykolkettenlänge eintreten, die einen Ausgleich dieser Differenzen mit sich bringt, indem die Moleküle mit der größten Zahl der angelagerten Äthylenoxidmoleküle die Mäanderstruktur zuerst ausbilden.

Ein derartiger, von der unterschiedlichen Länge der Fettsäurereste und vom Anteil der Ölsäurereste in den Hartfettsäurepolyglykolestern beeinflußter Verlauf der Strukturänderung kann die Ursache für die geringeren und über größere ÄO-Grad-Bereiche ablaufenden Eigenschaftsänderungen der Hartfettsäurepolyglykolester im Vergleich zu den Laurinsäurepolyglykolestern sein.

Über die Änderung der Struktur der Laurinsäurepolyglykolester durch Ausbildung der Mäanderform bei ÄO-Graden ab 20 mol — vgl. Bild 3 — kann der diskontinuierliche Verlauf der Oberflächenspannung, der Randwinkel und der Wasseraufnahme in Abhängigkeit vom ÄO-Grad [1] erklärt werden.

Die reine Zickzack-Kohlenstoff-Sauerstoffkette der Polyglykolreste — vgl. Bild 4 — hat nach dem von *Kehren* und *Rösch* aufgestellten Modell eine seitliche Ausdehnung von 0,8 Å. Unter Berücksichtigung der Bindungsradien der Kohlenstoffatome ergibt sich eine Ausdehnung von 2,4 Å. Für die Mäander-Polyglykolkette dagegen errechnet sich insgesamt ein Wert von 4,3 Å.

Daraus folgt, daß bei senkrecht orientierter Adsorption an der Oberfläche von Faserstoffen oder Lösungen die Zahl der pro Flächeneinheit adsorbierten Tensidmoleküle beim Vorliegen der Mäanderform kleiner sein wird. Diese Verminderung der Konzentration der grenzflächenaktiven Substanzen an der Oberfläche kann als Anlaß für die zwischen 15 und 20 mol ÄO beobachtete Erhöhung der Oberflächenspannung und der Randwinkel angesehen werden. Eine Änderung der Konzentration an der Grenzfläche ist deshalb wahrscheinlich, weil die Veränderungen der grenzflächenaktiven Eigenschaften besonders der Laurinsäurepolyglykolester in einem relativ engen ÄO-Grad-Bereich eintreten, in dem gleichzeitig die Bildung der Mäanderstruktur erfolgt. Von 22 mol ÄO an aufwärts streben die grenzflächenaktiven Eigenschaften trotz weiterer Anlagerung von Äthylenoxid in der Mäanderform sehr rasch konstanten Werten zu.

*Kehren* und *Rösch* weisen bereits darauf hin, daß in der Mäanderform eine Wirkung von Dipolkräften zwischen dem Sauerstoff und den Methylengruppen anzunehmen ist. Diese Dipolkräfte können sich auf die Grenzflächenaktivität auswirken. Es besteht daher die Möglichkeit einer Überlagerung von sterischen Einflüssen und Einflüssen der Dipolkräfte und einer Beteiligung beider an der Änderung der grenzflächenaktiven Eigenschaften. Durch die Wirkung der Dipolkräfte zwischen Äthersauerstoff und Methylengruppen kann ferner eine teilweise Blockierung der Sauerstoffatome für die Wasseranlagerung erklärt werden, die ihrerseits die Verminderung der Wasseraufnahme und die Verschiebung der kritischen Konzentration nach Ausbildung der Mäanderstruktur zur Folge hat.

In einer erst nach Abschluß der vorliegenden Untersuchungen erschienenen Veröffentlichung von *Heusch* [4] wird aus Filmwaagemessungen und Oberflächenspannungsmessungen der Platzbedarf verschieden äthoxylierter Alkohole und Phenole an der Oberfläche von Lösungen berechnet. Aus den Ergebnissen geht hervor, daß der Platzbedarf eindeutig vom ÄO-Grad abhängig ist. Während er bei niedrigen ÄO-Graden nahezu konstant ist, tritt bei einem vom äthoxylierten Grundkörper abhängigen ÄO-Grad eine plötzliche Veränderung durch einen sehr steilen Anstieg des Platzbedarfs auf.

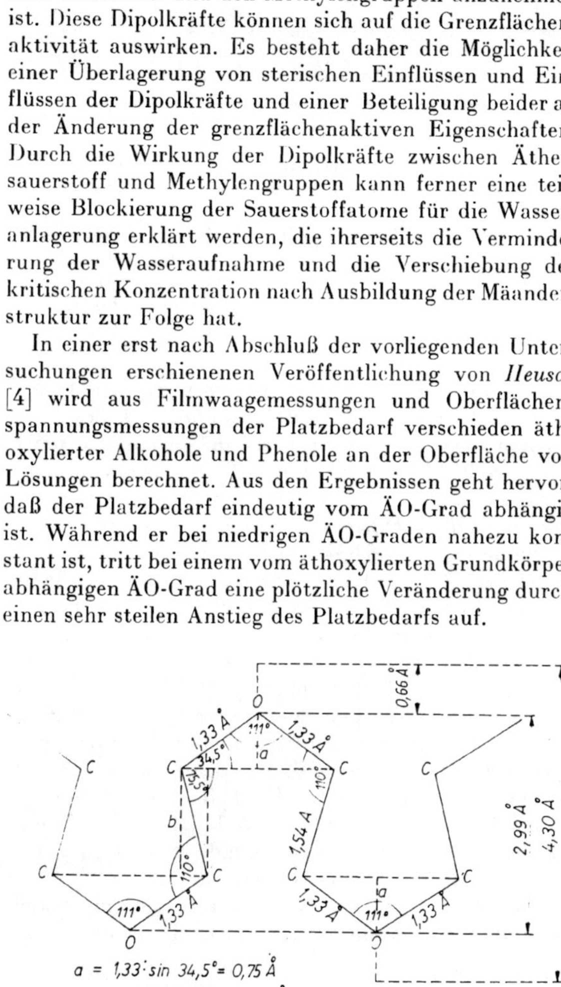


Bild 3. Modell der Mäander-Polyglykolkette

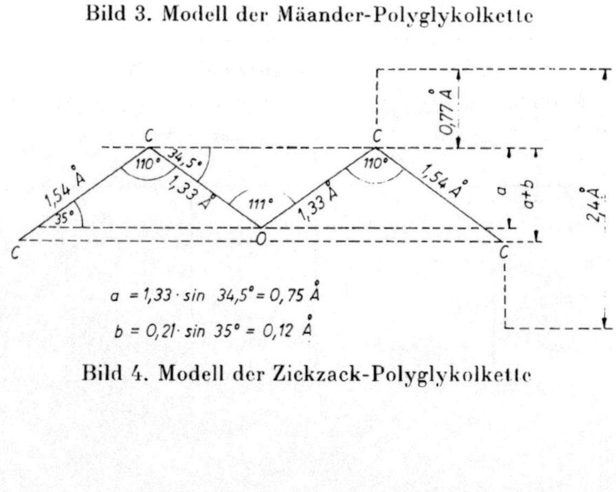


Bild 4. Modell der Zickzack-Polyglykolkette

Für Stearylalkoholpolyglykoläther wurde z. B. ein Platzbedarf von 17,3 bis 18,2 Å² gefunden, der bei ÄO-Graden über 6,9 mol sehr stark vergrößert wird und bei 20 mol ÄO ca. 75 Å² beträgt. *Kehren* und *Rösch* [2] fanden durch Röntgenstrukturuntersuchungen, daß Stearylalkoholpolyglykoläther bis zu 7 mol ÄO eine Zickzackstruktur besitzen und zwischen 7 und 9 mol ÄO die Bildung der Mäanderstruktur beginnt.

Diese sehr gute Übereinstimmung läßt auf einen direkten Zusammenhang zwischen Struktur, Platzbedarf und Eigenschaften der Tenside in der Lösung schließen. Sie unterstützt die Auslegung der Versuchsergebnisse der vorliegenden Arbeit, nach der die Änderung der Eigenschaften der Laurin- und Hartfettsäurepolyglykolester bei 18 bis 20 mol ÄO durch eine Strukturänderung bedingt sind und teilweise durch eine Veränderung des Platzbedarfs an der Grenzfläche erklärt wurden.

Der ÄO-Grad, bei dem eine Änderung des Platzbedarfs eintritt, ist nach den Ergebnissen von *Heusch* vom äthoxylierten Grundkörper abhängig. Für Dinonylphenolpolyglykoläther wurde beispielsweise ein ÄO-Grad von 18 mol ermittelt, bei dem eine entscheidende Veränderung des Platzbedarfs an der Oberfläche eintritt.

### 3. *DTA-Untersuchungen*

Die Differentialthermoanalyse ist eine sehr empfindliche Methode, die durch Messung energetischer Veränderungen zur Ermittlung von Strukturumwandlungspunkten geeignet ist. Durch kontinuierliches Aufheizen der zu untersuchenden Substanzen und laufende Vergleiche zwischen der Probentemperatur und der Temperatur einer Inertprobe können Umwandlungstemperaturen und die bei der Umwandlung aufgenommenen bzw. abgegebenen Wärmemengen gemessen werden, die Rückschlüsse auf strukturelle Effekte zulassen. Die Anwendung der Differentialthermoanalyse zur Aufklärung von Strukturen im molekularen und übermolekularen Bereich ist von verschiedenen Autoren beschrieben worden [5, 6].

Zur Bestätigung der durch Röntgenuntersuchungen wahrscheinlich gemachten Änderung der Struktur der Laurin- und Hartfettsäurepolyglykolester durch Übergang von Zickzackketten in die Mäanderform wurden DTA-Messungen durchgeführt. Als Meßgerät diente der Thermoanalyzer der Fa. Mettler, Zürich. Die Untersuchungen wurden an den bei Raumtemperatur festen Polyglykolestern der Laurinsäure vorgenommen.

In Bild 5 sind die gemessenen Schmelzpunkte in Abhängigkeit vom ÄO-Grad aufgezeichnet. Bei ÄO-Graden von 15 bis 20 mol steigt die Schmelztemperatur $T_s$ mit dem ÄO-Grad linear an. Diese Linearität wird zwischen 20 und 22 mol ÄO verlassen.

Eine weitere Erhöhung des ÄO-Grades bedingt wieder einen linearen Anstieg von $T_s$, der in diesem Bereich jedoch größer ist, als zwischen 15 und 20 mol. Die Messung der Schmelztemperatur weist eindeutig eine Änderung der energetischen Verhältnisse in den Laurinsäurepolyglykolestern bei einem ÄO-Grad von 20 mol nach, die mit den Ergebnissen der Oberflächenspannungsmessungen, der Randwinkelmessungen und der Röntgenstrukturanalyse im Einklang stehen und auf die Umlagerung der Zickzackketten in die Mäanderform zurückgeführt werden können. Da der Übergang in die

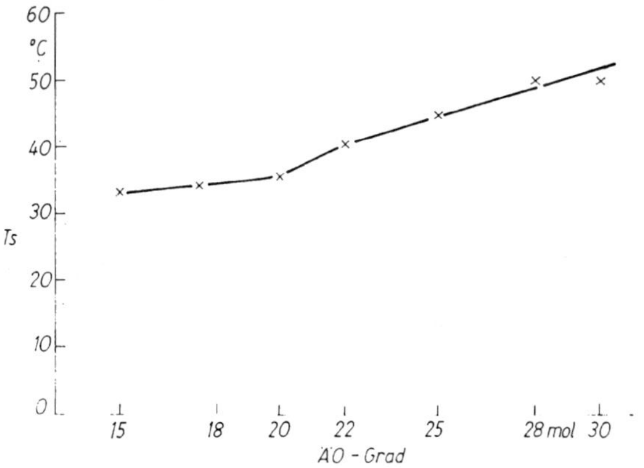


Bild 5. Schmelztemperatur von Laurinsäurepolygylkolestern als Funktion des ÄO-Grades

Mäanderform freiwillig erfolgt, muß mit ihm ein Energiegewinn verbunden und diese Form gegenüber der Zickzackstruktur die energieärmere sein. Es ist daher zu erwarten, daß zum Aufschmelzen dieser stabileren Modifikation eine höhere Schmelzwärme erforderlich und die Strukturänderung über die Ermittlung der Schmelzwärmen der unterschiedlich äthoxylierten Laurinsäurepolyglykolester nachzuweisen ist.

Die Schmelztemperaturen der Laurinsäurepolyglykolester liegen jedoch sehr niedrig, so daß auf den DT-Kurven der Beginn des Schmelzvorganges durch Einschaltimpulse des Thermoanalyzers überdeckt wurde. Der zur Ermittlung der Schmelzwärmen erforderliche Beginn des Schmelzvorganges konnte aus diesem Grunde nicht einwandfrei erfaßt werden.

Als Vergleichsgröße für die verschiedenen Laurinsäurepolyglykolester bietet sich jedoch die Differenz zwischen dem Schmelzpunkt $T_s$ und dem Ende des Schmelzvorganges $T_{sE}$ an. Bei konstanter Aufheizgeschwindigkeit stellt diese Zeitdifferenz bzw. die ihr proportionale Temperaturdifferenz $\Delta T = T_{sE} - T_s$, innerhalb derer ein Ausgleich der Temperaturen von Probe und Inertstoff erfolgt, ein angenähertes Maß für die Wärmeleitfähigkeit dar. Die Temperaturdifferenz ist außer von der Wärmeleitfähigkeit, von der eingewogenen Substanzmenge und der Höhe des Schmelzpeaks $H_s$ am Schmelzpunkt abhängig. Da die eingewogene Substanzmenge konstant gehalten wurde, kann sie als Einflußfaktor auf den Verlauf von $\Delta T$ ausgeschlossen werden.

In Bild 6 ist neben $\Delta T$ die Höhe des Schmelzpeaks $H_s$ in Abhängigkeit vom ÄO-Grad graphisch dargestellt. Zwischen 15 und 20 mol ÄO ist ein Anstieg von $\Delta T$ annähernd parallel zum Anstieg des Schmelzpeaks zu beobachten. Zwischen 20 und 22 mol ÄO tritt ein beträchtlicher Abfall auf, obwohl die Höhe des Schmelzpeaks weiter kontinuierlich ansteigt. Ab 22 mol ÄO ergab sich für $\Delta T$ wieder eine gleichmäßige Zunahme in Abhängigkeit vom ÄO-Grad.

Aus diesen Ergebnissen kann abgeleitet werden, daß die Änderung von $\Delta T$ auf eine Veränderung der Wärmeleitfähigkeit zurückzuführen ist, die sich zwischen 20 und 22 mol ÄO sprunghaft vollzieht. Als Ursache für die sprunghafte Änderung wird die Ausbildung der Mäanderstruktur angesehen. Da $\Delta T$ an den geschmolzenen

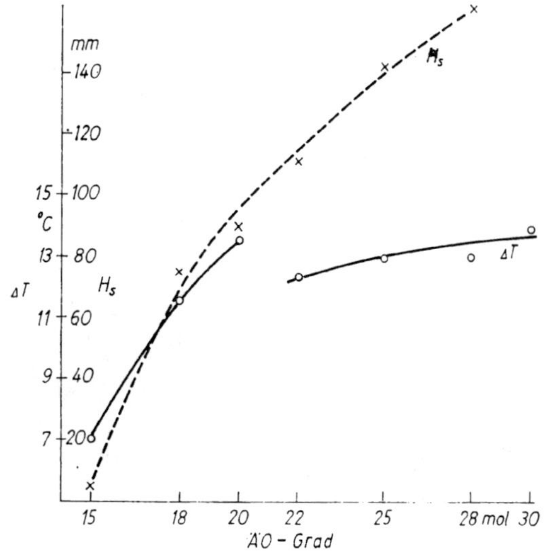


Bild 6. Temperaturdifferenz $\Delta T$ zwischen Schmelzunkt und Ende des endothermen Schmelzvorganges als Funktion des ÄO-Grades von Laurinsäurepolyglykolestern

Substanzen gemessen wurde, kann angenommen werden, daß der Sprung in der $\Delta T$-Kurve nicht durch Phasenumwandlungserscheinungen bedingt ist, sondern tatsächlich auf Strukturänderungen im molekularen Bereich zurückgeführt werden muß.

## 4. *UR-spektroskopische Untersuchungen*

Für die Untersuchungen an den Fettsäurepolyglykolestern stand ein UR-Spektrograph (UR 20) des VEB Carl Zeiss Jena mit hohem Auflösungsvermögen zur Verfügung.

Die Auswertung der Spektren bereitete gewisse Schwierigkeiten, da sie praktisch Überlagerungen der Spektren der Fettsäuren und der Polyäthylenglykole darstellen. Daraus resultiert eine große Zahl von Banden, die für eine sichere Zuordnung nicht in jedem Falle gut genug aufgelöst werden konnten. Trotzdem war anhand von Spektren aus der Literatur [7] eine weitgehende Zurodnung der Banden für Laurinsäure, äthoxylierte Laurin- und Hartfettsäure sowie für Polyäthylenglykol möglich.

Die in den bereits beschriebenen Untersuchungen ermittelte molekulare Strukturänderung der Fettsäurepolyglykolester ließ Veränderungen in der Stellung der $-CH_2-CH_2-O$-Gruppen zueinander erwarten, die mit Hilfe der UR-Analyse erfaßt werden können. Die Konformation dieser Gruppen läßt zwei verschiedene Formen, die trans-Form und die gauche-Form, zu, die Drehungsisomere darstellen.

Für die isolierte Gruppe ist die energetisch günstigere Form die trans-Stellung, bei der die beiden Sauerstoffatome einen Winkel von 180° einschließen. Bei der gauche-Stellung bilden sie einen Winkel von 60°. Nach Literaturangaben [8] liegt hochmolekulares Polyäthylenoxid vorwiegend in gauche-Form vor, und die gestreckten Moleküle bilden Helices. In Untersuchungen an kurzkettigen Polyäthylenglykolen mit 2 bis 7 Monomeren wurde dagegen gefunden, daß ein beträchtlicher Anteil der Glykolreste in trans-Form vorliegt [9].

Die trans-Form bedingt planare Ketten, die relativ leicht zur Kettenabwinkelung führen können. Die Konformationsunterschiede innerhalb der ÄO-Kette spiegeln sich vor allem in den $CH_2$-Deformationsschwingungen wider. *Kuroda* und *Kubo* [9] ordnen die $CH_2$-rocking-Banden in folgender Weise zu:

| | |
|---|---|
| 850 $cm^{-1}$ | trans, |
| 887 $cm^{-1}$ | gauche, |
| 957 $cm^{-1}$ | gauche. |

Das Verhältnis der Extinktionen $E$ gauche/$E$ trans einer bestimmten Schwingungsart ist ein Maß für das trans-gauche-Gleichgewicht im Molekül, und es wurde zur Aufklärung der Strukturänderung der äthoxylierten Fettsäuren herangezogen.

Zur Ermittlung des trans-gauche-Gleichgewichts wurden die Extinktionen der rocking-Banden 850 $cm^{-1}$, 890 $cm^{-1}$ und 995 $cm^{-1}$ sowie der twisting-Banden 1255 $cm^{-1}$ (gauche) und 1288 $cm^{-1}$ (trans) gemessen und die Quotienten

$$\frac{E\,890}{E\,850},\ \frac{E\,955}{E\,850},\ \text{und}\ \frac{E\,1255}{E\,1288}$$

gebildet. Die erhaltenen Werte sind in Abhängigkeit vom ÄO-Grad in den Bildern 7 und 8 graphisch dargestellt.

Die erheblichen Änderungen des Quotienten $E$ gauche/$E$ trans im Bereich niedriger ÄO-Grade kann durch das Überwiegen der $CH_2$-Gruppen der Laurin- und Hartfettsäurereste und die relative Konzentrationsänderung bedingt sein. Der sich aus den Spektren der äthoxylierten Laurinsäuren ergebende Sprung der Extinktionsquotienten zwischen 15 bzw. 18 und 20 mol ÄO weist jedoch eindeutig eine entscheidende Änderung des gauche-trans-Gleichgewichtes aus, die nur durch die molekulare

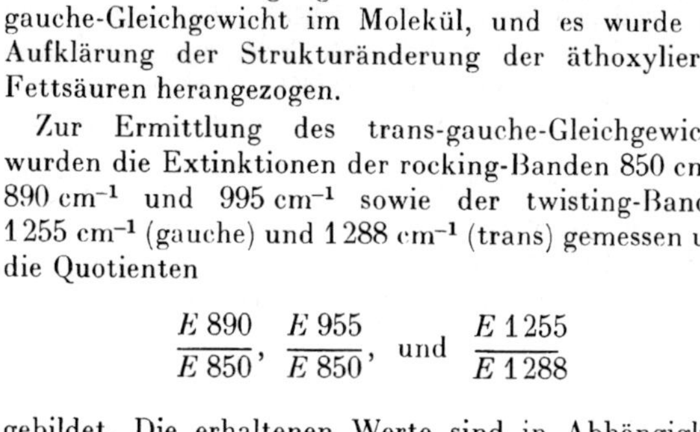


Bild 7. Extinktionsquotienten von UR-Banden als Funktion des ÄO-Grades von Laurinsäurepolyglykolestern

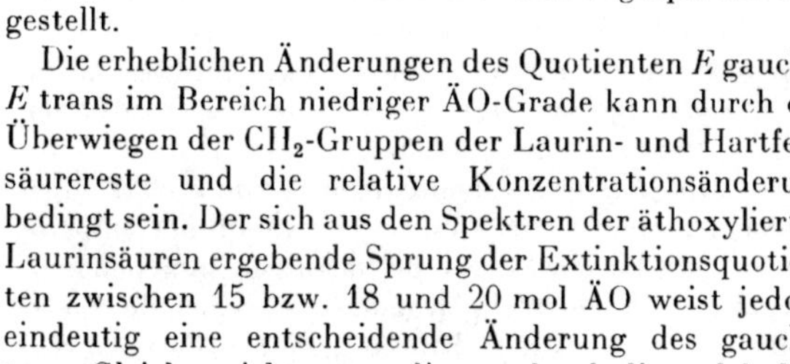


Bild 8. Extinktionsquotienten von UR-Banden als Funktion des ÄO-Grades von Hartfettsäurepolyglykolestern

Strukturänderung erklärt werden kann. In diesem Bereich wird eine deutliche Zunahme der trans-Anteile beobachtet. Diese trans-Konformation ermöglicht die Bildung planarer Polyglykolketten in der Mäanderform, in der die Sauerstoffatome in einem Winkel von 180° zueinander angeordnet sind.

Die gauche-Konformation läßt die Bildung von Polyglykolketten in der Mäanderform nur zu, wenn eine schraubenförmige Verdrehung der Kette um 60° von Glykolrest zu Glykolrest vorhanden ist.

Aus Aufnahmen der Röntgenweitwinkelstreuung ergibt sich, daß für die Mäanderkette eine planare Struktur angenommen werden kann.

Die Röntgenaufnahmen von Laurinsäurepolyglykolestern mit ÄO-Graden zwischen 20 und 30 mol lassen ganz eindeutig zwei verschiedene Schwärzungsringe erkennen, die den Abständen zwischen den Molekülen in einer Netzebene zuzuordnen sind. Die Aufnahmen zeigen, daß die Abstände parallel und senkrecht zur Ebene der Mäanderkette unterschiedlich sind und etwa 5,2 bzw. 4,2 Å betragen. Eine Helixform der Mäanderkette würde gleiche Abstände zwischen den Molekülen in den beiden Richtungen voraussetzen.

Die aus den Spektren der Hartfettsäurepolyglykolester ermittelten Quotienten $E$ gauche/$E$ trans zeigen in Abhängigkeit vom ÄO-Grad statt des bei den Laurinsäurepolyglykolestern beobachteten Sprunges eine allmähliche Zunahme der trans-Anteile bis zu einem ÄO-Grad von 22 mol. Dieser allmähliche Übergang wird auf die Überlagerung der Einflüsse verschiedener in der technischen Hartfettsäure enthaltener Fettsäuren zurückgeführt.

## 5. *Zusammenfassung*

Durch Röntgenstrukturuntersuchungen, DTA-Messungen und IR-Spektren konnte ein Zusammenhang zwischen den Eigenschaftsänderungen und der Struktur der Laurin- und Hartfettsäurepolyglykolester festgestellt werden. Die Anlagerung von Äthylenoxid an die Fettsäuren erfolgt bis zu etwa 18 mol Äthylenoxid pro mol Fettsäure in der Zickzackform, während eine weitere Äthoxylierung zur Ausbildung der Mäanderstruktur führt.

Die Mäanderstruktur erfordert einen erhöhten Platzbedarf der Moleküle in der orientiert adsorbierten Grenzflächenschicht und bedingt eine Erhöhung der Oberflächenspannung und eine Vergrößerung der Randwinkel. Sie führt zu einer Verminderung der Wasseraufnahme und zu einer Verschiebung der kritischen Konzentration wäßriger Lösungen.

## *Literatur*

[1] *von Hornuff, G.*, und *Heise, M.*: Über grenzflächenaktive Eigenschaften von Fettsäurepolyglykolestern unter Berücksichtigung ihrer Anwendung als Präparationsmittel. Faserforsch. u. Textiltechnik **23** (1972) 7, S. 291 bis 297.

[2] *Kehren, M.*, und *Rösch, M.*: Über ein Feinstruktursystem monosubstituierter Polyäthylenoxydderivate. Mitt. I. II. III. Melliand Textilber. **38** (1957) 1, S. 96—99; 2, S. 191—196; 3, S. 319—321.

[3] *Staudinger, H.*: Die hochmolekularen organischen Verbindungen Kautschuk und Cellulose. Berlin: Springer 1960.

[4] *Heusch, R.*: Eine experimentelle Methode zur Bestimmung des HLB-Wertes von Tensiden. Kolloid-Z. u. Z. Polymere **236** (1970) 1, S. 31—38.

[5] *Schultze, D.*: Differentialthermoanalyse Berlin: Dt. Verlag der Wissenschaften 1969.

[6] *Jacobasch, H. J.*: Feinstrukturuntersuchungen an PA-6- und PÄT-Faserstoffen unter besonderer Berücksichtigung der DTA. Dissertation, Technische Universität Dresden, Institut für Textilchemie 1966.

[7] *Hummel, D.*: Analyse der Tenside. München: Hanser 1962.

[8] *Davison, W. H. T.*: Infrared spectra and crystallinity. J. chem. Soc. (1955) S. 3270—3276.

[9] *Kuroda, Y.*, und *Kubo, M.*: $CH_2$-rocking vibration of polyethylene glycol. J. Polymer Sci. **26** (1957) 114, S. 323—332.

*Eingegangen am 6. März 1972*

# Kurze Mitteilungen[1]

## Erfahrungen bei der gaschromatographischen Bestimmung von ε-Caprolactam in Polyamid 6

DK 678.675'126:547.466.3'318:678.012:543.544.25.062

### 1. *Einleitung*

Die Kenntnis des Caprolactamgehaltes von Polyamid-6-Materialien ist für die Beurteilung ihrer Eigenschaften und ihres Herstellungsprozesses von großem Interesse. Bis vor kurzem war es nur durch Anwendung relativ zeitaufwendiger Verfahren [1] möglich, das Verhältnis von Caprolactam und Oligomeren im Gesamtextrakt von Polyamidmaterialien zu bestimmen.

*Zilio-Grandi* u. Mitarb. [2] beschreiben in einer kürzlich veröffentlichten Arbeit eine neue Methode zur Bestimmung des Caprolactams in Polyamid 6. Das Prinzip ihres Verfahrens besteht darin, daß die zu untersuchende Probe zusammen mit einer Standardsubstanz in Ameisensäure gelöst und in dieser Form gaschromatographisch analysiert wird. Nachfolgend soll über die bei der Einführung dieser Methode in unserem Labor gesammelten Erfahrungen berichtet werden.

### 2. *Arbeitsbedingungen*

Für die Durchführung der gaschromatographischen Untersuchungen stand ein Gaschromatograph des Typs GCHF 18.3 (Baujahr 1967) der Fa. Willy Giede, Berlin, zur Verfügung. Dieses Gerät ist mit einem FID ausgerüstet und kann mit Temperaturprogramm betrieben werden. Um bereits bei ersten Versuchen durch Verstopfungen aufgetretene Störungen auszuschalten, wurden an dem Gaschromatographen einige Veränderungen vorgenommen. Das im Einspritzblock befindliche Stahlrohr von 2 mm Weite wurde durch ein Rohr von 3 mm Innendurchmesser ersetzt. In dieses Rohr wurde ein auf beiden Seiten offenes Schmelzpunktröhrchen eingeführt, das bei Verstopfungen leicht ausgetauscht werden kann. Weiterhin wurden anstelle der zur Normalausrüstung gehörenden Stahlsäulen Glassäulen von 2 mm Innendurchmesser benutzt, die an den Anschlußstutzen mit TEFLON-Stopfen abgedichtet wurden.

Bei der Erprobung der Trennflüssigkeiten und Trägermaterialien wurde zunächst die Kombination 10% Carbowax 20 M auf Chromosorb W-AW-DMCS untersucht. Übereinstimmend mit den Angaben von *Zilio-Grandi* traten nach ca. 400 Analysen Schwierigkeiten in der Reproduzierbarkeit auf. Diese Schwierigkeiten bleiben aus, wenn als Säulenfüllung entweder 10% Nitrilsiliconöl auf Chromosorb W-AW-DMCS oder 5% Nitrilsiliconöl auf TEFLON eingesetzt werden. Die Ermittlung der günstigsten Arbeitsbedingungen des Gaschromatographen erfolgte mit Testgemischen von Caprolactam und der Standardsubstanz Chinolin in 85%iger Ameisensäure.

Mit folgenden Bedingungen wurden die besten Ergebnisse erhalten:

| | |
|---|---|
| Säule | 2 m Glassäule mit 2 mm Innendurchmesser |
| Säulenfüllung | 5% Nitrilsiliconöl auf TEFLON |
| Säulentemperatur | 200 °C |
| Temperatur des Einspritzblocks | 320 °C |
| Empfindlichkeit | ×30 |
| Gasmengen | 30 ml/min Stickstoff<br>51 ml/min Wasserstoff<br>384 ml/min Luft |
| Einspritzmenge | 0,5 bzw. 1 µl |
| Schreibgeschwindigkeit | 60 mm/min |

[1]) Die Veröffentlichung der „Kurzen Mitteilungen" erfolgt unter alleiniger Verantwortung der Verfasser.

Bild 1 zeigt ein Chromatogramm der Mischung 20 mg Caprolactam und 10 mg Chinolin in 20 ml Ameisensäure. Die Retentionszeiten liegen bei 0,6 min für Chinolin und bei 1,6 min für Caprolactam. Die gaschromatographische Analyse dauert unter den angegebenen Bedingungen ca. 2 min.

### 3. *Arbeitsweise*

Gaschromatographische Analysen, die unter Verwendung einer Standardsubstanz durchgeführt werden, berechnet man im allgemeinen nach der Formel

$$\text{Masse\% Stoff } i = \frac{E_{St} \times F_i \times f_i \times 100}{E_i \times F_{St}}; \qquad (1)$$

$E_{St}$ = Standardeinwaage in mg,
$E_i$ = Probeneinwaage in mg,
$F_i$ = Peakfläche des Stoffes $i$,
$F_{St}$ = Peakfläche des Standards,
$f_i$ = stoffspezifischer Faktor.

Da in unserem Labor die Notwendigkeit bestand, sehr viele Proben zu bearbeiten, wurden die Analysenbedingungen so gewählt, daß sich der Caprolactamgehalt einer Polyamidprobe nach Ermittlung des Flächenverhältnisses von Caprolactam und Chinolin aus dem Gaschromatogramm unmittelbar mit einer Eichkurve ablesen läßt. Das wird dadurch erreicht, daß stets 1000 mg der Probe eingewogen werden und diese Menge jeweils in 20 ml Ameisensäure, die 10 mg Chinolin enthält, gelöst wird. Unter diesen Bedingungen vereinfacht sich die Gleichung (1) zu

$$\text{Masse\% Stoff } i = \frac{F_i}{F_{St}} \times f_i, \qquad (2)$$

Durch Substitution von $f_i$ in (2) durch

$$f_i = \frac{\frac{E_i}{E_{St}}}{\frac{F_i}{F_{St}}} = \frac{E_i \times F_{St}}{E_{St} \times F_i} \qquad (3)$$

ergibt sich

$$\text{Masse\% Stoff } i = \frac{E_i}{E_{St}}. \qquad (4)$$

Aus der Formel (4) geht hervor, daß das Masseverhältnis des Stoffes $i$ und des Standards dem Gehalt des zu bestimmenden Stoffes in Masse% entspricht.

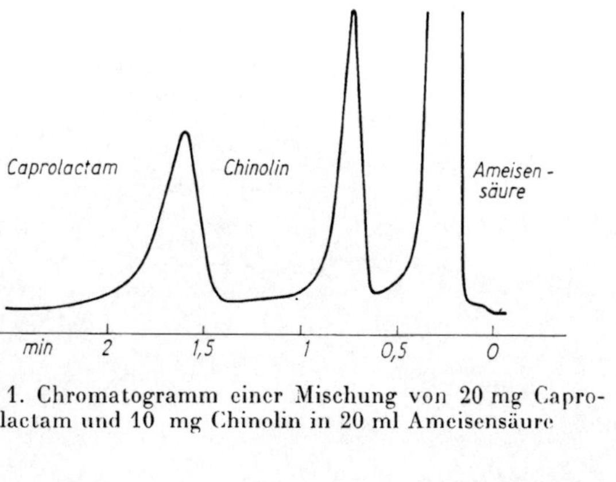


Bild 1. Chromatogramm einer Mischung von 20 mg Caprolactam und 10 mg Chinolin in 20 ml Ameisensäure

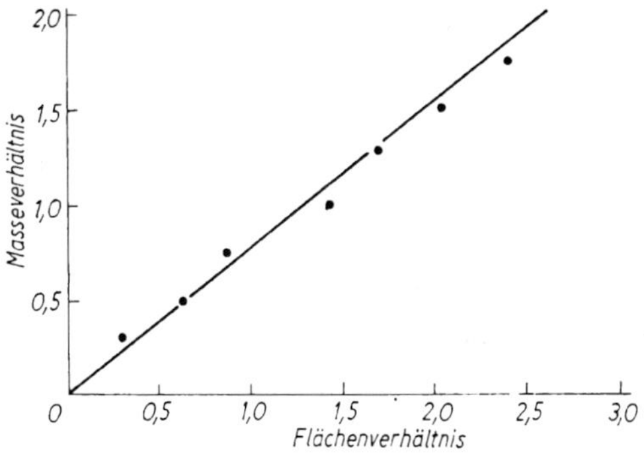


Bild 2. Eichkurve für den Bereich von 0 bis 2% Caprolactam

Durch gaschromatographische Analyse einer Konzentrationsreihe wurde eine Eichkurve aufgestellt, in der das Masseverhältnis Caprolactam/Chinolin gegen das Flächenverhältnis Caprolactam/Chinolin aufgetragen wurde. Als Beispiel sind in der Tabelle 1 die Werte und in Bild 2 die Gestalt einer Eichkurve im Bereich von 0 bis 2% Caprolactam aufgetragen. An dieser Stelle soll darauf hingewiesen werden, daß unter anderen Bedingungen auch schwach gekrümmte Kurven erhalten wurden.

Entsprechend den oben beschriebenen Arbeitsbedingungen läuft die Analyse von Polyamidmaterialien nach folgender *Arbeitsvorschrift* ab:

*Herstellung der Standardlösung*

500 mg Chinolin werden eingewogen und mit mehreren Portionen 85%iger Ameisensäure in einen 1000-ml-Maßkolben gespült. Die Lösung wird mit weiterer Ameisensäure zum Liter aufgefüllt. 20 ml dieser Standardlösung enthalten 10 mg Chinolin.

*Aufstellung einer Eichkurve*

Im interessierenden Bereich werden durch Einwaage von Caprolactam und Lösen in 20 ml der Standardlösung Testgemische hergestellt, die gaschromatographisch analysiert werden. Dabei entsprechen — bezogen auf eine Probeneinwaage von 1000 mg bei der Analyse — 10 mg Caprolactam einem Gehalt von 1%, 20 mg 2%, 30 mg 3% usw. Die ermittelten Flächenverhältnisse werden gegen die entsprechenden Masseverhältnisse zu einer Eichkurve aufgetragen.

*Durchführung der Analyse*

1000 mg der trockenen Polyamidprobe werden analytisch genau eingewogen und je nach Provenienz 10 bis 30 min bei 80 bis 90 °C in 20 ml Standardlösung gelöst. Nach Abkühlen werden 0,5 bis 1 µl in den Gaschromatographen eingespritzt und aus dem Chromatogramm das Flächenverhältnis Caprolactam/Chinolin ermittelt. Aus der Eichkurve werden die entsprechenden Caprolactamgehalte abgelesen.

## 4. *Einsatzmöglichkeiten und Fehler der Methode*

Die gaschromatographische Bestimmung von Caprolactam in Polyamidmaterialien ist in einem Konzentrationsbereich von 0 bis 8% Caprolactam möglich. Dabei ist es unerheblich, ob die Probe mattiert oder gefärbt ist bzw. als Granulat, Spinngut oder Gewebe vorliegt. Die untere Nachweisgrenze liegt unter den von uns angewandten Bedingungen bei 0,2%. Untersuchungen zur Reproduzierbarkeit der Methode lieferten bei zwei verschiedenen Caprolactamgehalten folgendes Ergebnis:

$\bar{x} = 0{,}63\%;\quad s_{10} = \pm 0{,}029\%;\quad v = 4{,}64\%;$

$\bar{x} = 7{,}57\%;\quad s_{10} = \pm 0{,}21\ \%;\quad v = 2{,}33\%.$

*Tabelle 1. Werte für eine Eichkurve im Bereich von 0 bis 2% Caprolactam*

| mg Caprolactam im Testgemisch¹) | Gewichtsverhältnis Caprolactam/Chinolin | Flächenverhältnis Caprolactam/Chinolin²) |
|---|---|---|
| 3,1 | 0,31 | 0,30 |
| 5,0 | 0,50 | 0,62 |
| 7,5 | 0,75 | 0,87 |
| 10,0 | 1,00 | 1,44 |
| 12,5 | 1,25 | 1,69 |
| 15,0 | 1,50 | 2,04 |
| 17,5 | 1,75 | 2,40 |
| 20,0 | 2,00 | 2,62 |

¹) Das Testgemisch besteht jeweils aus 10 mg Chinolin in 20 ml Ameisensäure.
²) Die angegebenen Werte sind Mittelwerte aus 3 Analysen.

## 5. *Zusammenfassung*

Es wird über Erfahrungen berichtet, die bei der Einführung einer kürzlich beschriebenen Methode zur gaschromatographischen Bestimmung von Caprolactam in Polyamid-6-Materialien gesammelt wurden. Unter den angegebenen Bedingungen ist es möglich, den Caprolactamgehalt einer Polyamidprobe im Bereich von 0,2 bis 8% in ca. 30 min zu bestimmen. Die Methode ist ohne Schwierigkeiten für den Routinebetrieb einsetzbar. Die Reproduzierbarkeit liegt in dem für gaschromatographische Analysen üblichen Bereich.

Frau *Vera Neiß* und Frl. *Jutta Lindner* danke ich für die Mitarbeit bei der Einführung der Methode.

*Literatur*

[1] *Reinisch, G., Dietrich, K.*, und *Bara, H.*: Zur analytischen Bestimmung des Caprolactams und der Oligomeren in Polycaprolactam. Faserforsch. u. Textiltechnik **18** (1967) 12, S. 588—590.

[2] *Zilio-Grandi, F., Sassu, G. M.*, und *Callegaro, P.*: Direct determination of residual caprolactam in Nylon 6 by gas chromatography. Analytic. Chem. **41** (1969) 13, S. 1847 bis 1849.

*Hans-Dieter Dinse*

VEB Chemiefaserkombinat Schwarza „Wilhelm Pieck"
Chemiefaserwerk Wilhelm-Pieck-Stadt Guben
Abt. Forschungslabor

*Eingegangen am 9. März 1972*

# Berechnungsgrundlage zum Aufstellen von Tabellen für Weiflängen und Feinheitsbereiche bei vorgegebener Strangfeinheit

DK 677—042.71:677.017.272:677.017.222.2:677.053

Bei verschiedenen Textilprüfverfahren für Untersuchungen an Fäden werden als Prüflinge Fadenstränge mit einer Präzisionsweife hergestellt, wobei die Anzahl der Windungen im Strang und damit die Weiflänge in Abhängigkeit von der Feinheit des Fadens so zu bemessen ist, daß der Strang stets die gleiche Gesamt-Feinheit erhält. Da die Anzahl der Windungen des Strangs nur ganzzahlig sein kann, wird die für ihn vorgesehene Gesamt-Feinheit nicht genau erreicht.

Die Aufgabe besteht darin, Weiflängen und zugeordnete Faden-Feinheitsbereiche so festzulegen, daß

a) die Abweichung der tatsächlichen Gesamt-Feinheit des Strangs von der geforderten konstanten Gesamt-Feinheit des Strangs oder
b) die Abweichung der tatsächlichen feinheitsbezogenen Vorspannkraft von der geforderten konstanten feinheitsbezogenen Vorspannkraft

ein vorgegebenes Maß nicht überschreiten. Diese Frage hat z. B. im Zusammenhang mit Längen- und Längenänderungsbestimmungen bei angehängten Massen konstanter Größe Bedeutung. Dabei kann es sich um ein einmaliges Aufstellen von Tabellen für Faden-Feinheitsbereiche und Weiflängen zu Prüfvorschriften (z. B. [1, 2]) oder um Festlegungen für spezielle Untersuchungen mit besonderen Prüfbedingungen handeln.

Die *Forderung a)* führt darauf hinaus, für zwei in der aufzustellenden Tabelle benachbarte Weiflängen $l_{w1}$ und $l_{w2}$ einen Grenzwert der Fadenfeinheit $Tt_g$ so festzulegen, daß die entstehenden größten relativen Abweichungen $t$ des aus $Tt_g$ und $l_w$ errechneten Grenzwertes der Strangfeinheit $Tt_{St,g}$ von der konstanten Soll-Feinheit des Strangs $Tt_0$ für beide benachbarten Weiflängen den gleichen Betrag haben ($t_1 = -t_2$), wobei

$$t = \frac{Tt_{St,g} - Tt_0}{Tt_0} \tag{1}$$

ist. Mit dem Grenzwert der Fadenfeinheit $Tt_g$ und der Weiflänge $l_w$ kann für den Grenzwert der Strangfeinheit geschrieben werden:

$$Tt_{St,g} = 2\,Tt_g \cdot l_w. \tag{2}$$

Für $t_1 = -t_2$ kann man mit (1) und (2) setzen:

$$\frac{2\,Tt_g \cdot l_{w1}}{Tt_0} - 1 = 1 - \frac{2\,Tt_g \cdot l_{w2}}{Tt_0}, \tag{3}$$

und aus (3) erhält man:

$$Tt_g = \frac{Tt_0}{l_{w1} + l_{w2}}. \tag{4}$$

Gemäß *Forderung b)* ist für zwei in der aufzustellenden Tabelle benachbarte Weiflängen $l_{w1}$ und $l_{w2}$ der jeweilige Grenzwert der Fadenfeinheit $Tt_g$ so festzulegen, daß die entstehenden größten relativen Abweichungen $r$ der tatsächlichen feinheitsbezogenen Vorspannkraft $R_{v,\mathrm{ist}}$ von der konstanten geforderten feinheitsbezogenen Vorspannkraft $R_{v,0}$ für beide benachbarte Weiflängen den gleichen Betrag haben ($r_1 = -r_2$), wobei

$$r = \frac{R_{v,\mathrm{ist}} - R_{v,0}}{R_{v,0}} \tag{5}$$

ist. Da die Kraft $F$ zum Belasten des Strangs stets konstant ist, wird mit $R_v = F/Tt$ aus (5) und (2):

$$r = \frac{Tt_0}{2\,Tt_g \cdot l_w} - 1. \tag{5a}$$

Für $r_1 = -r_2$ erhält man mit (5a), wenn man nach $Tt_g$ auflöst:

$$Tt_g = \frac{Tt_0}{4}\left(\frac{1}{l_{w1}} + \frac{1}{l_{w2}}\right). \tag{6}$$

Die nach Gleichung (4) und (6) ermittelten Grenzwerte $Tt_g$ unterscheiden sich nur wenig, da die Zahlenwerte $l_{w1}$ und $l_{w2}$ nicht sehr verschieden sind.

Praktisch wird man beim Aufstellen von Tabellen für Weiflängen und Feinheitsbereiche so vorgehen, daß man eine erste Weiflänge, z. B. $l_{w1} = 10$ m, und ferner eine zulässige größte relative Abweichung der Feinheiten $t$ oder der feinheitsbezogenen Vorspannkräfte $r$, z. B. $r = \pm 10\%$, vorgibt.

Wenn man für (1) mit (2)

$$t_1 = \frac{2\,Tt_g \cdot l_{w1}}{Tt_0} - 1 \tag{1a}$$

schreibt, für $Tt_g$ den Ausdruck nach (4) einsetzt und nach $l_{w2}$ auflöst, erhält man für die nächste erforderliche Weiflänge nach $l_{w1}$:

$$l_{w2} = \frac{1 - t}{1 + t}\, l_{w1}. \tag{7}$$

Ein analoger Ausdruck ergibt sich aus (5a) und (6):

$$l_{w2} = \frac{1 + r}{1 - r}\, l_{w1}. \tag{8}$$

Für das angeführte Zahlenbeispiel erhält man mit $r = -= \pm 0{,}1$

$$l_{w2} = 1{,}222\, l_{w1}$$

und zu $l_{w1} = 10$ m als nächste Weiflänge $l_{w2} = 12{,}22$ m. Da die Weiflängen nur ganzzahlig festgelegt werden können, ist als nächste Länge 12 m zu wählen. Mit der neuen Ausgangslänge $l_{w1} = 12$ m kommt man weiter zu $l_{w2} = 14{,}67$ m und wählt 14 m usw. Mit $r = -0{,}1$ sind Weiflängen unter 10 m errechenbar.

Die zu den gefundenen ganzzahligen Weiflängen zuzuordnenden Feinheitsbereiche ergeben sich bei Vorgabe einer größten relativen Abweichung der Feinheiten $t$ nach Gleichung (4) und bei Vorgabe einer größten relativen Abweichung der feinheitsbezogenen Vorspannkräfte $r$ nach Gleichung (6). Zum obengenannten Zahlenbeispiel erhält man nach (6) zunächst als Grenzwert $Tt_g$ zwischen $l_{w1} = 10$ m und $l_{w2} = 12$ m, wenn die konstante Soll-Feinheit des Strangs $Tt_0 = 500$ tex beträgt, den Wert $Tt_g = 22{,}9$ tex. Die weitergeführte Tabelle beginnt dann wie folgt:

| Feinheit des Fadens $Tt$ tex über … bis | Weiflänge $l_w$ m |
|---|---|
| … 22,9 | 10 |
| 22,9 … 19,3 | 12 |
| 19,3 … 16,3 | 14 |
| 16,3 … 13,6 | 17 |
| 13,6 … 11,5 | 20 |
| 11,5 … 9,52 | 24 |
| … usw. … | usw. |

Hieraus kann nunmehr bei gegebener Feinheit des Fadens $Tt$ die erforderliche Weiflänge $l_w$ abgelesen werden, wobei gewährleistet ist, daß die tatsächliche feinheitsbezogene Vorspannkraft niemals mehr als 10% vom geforderten Wert abweicht. Die größten Abweichungen sind wegen der notwendigen Rundung der Weiflängen in vielen Gruppen kleiner als 10%. Sie können im Bedarfsfall nach Gleichung (1a) oder (5a) errechnet werden.

*Literatur*

[1] TGL 142—2009, Blatt 1: Prüfung von Fäden, Bestimmung der Längenänderung bei Naßbehandlung, Strangmeßverfahren. Ausg. August 1969.
[2] TGL 16-650 424, Blatt 2: Textilprüfung, Bestimmung spezieller Längenänderungseigenschaften von Texturfäden, Naß-Kontraktion bei 100 °C. Ausg. Mai 1971.

*Heino Martin*
Deutsche Akademie der Wissenschaften zu Berlin, Institut für Technologie der Fasern in Dresden

*Eingegangen am 24. März 1972*

| FA Textilterminologie der Kammer der Technik | **Kernmantelfäden** *Begriffe* *Kurzzeichen* | 20. Mitteilung Dezember 1971 |
|---|---|---|

*Der FA Textilterminologie hat die nachstehenden Festlegungen bestätigt und zum Veröffentlichen freigegeben. Ihre Anwendung im gesamten wissenschaftlichen und technischen Sprachgebrauch sowie im Schrifttum und in Standards wird empfohlen.*

*1. Vorbemerkung*

Kernmantelfäden sind eine seit langem bekannte Fadenart, die erst in den letzten Jahren zunehmende Bedeutung erlangt hat; sie läßt sich nicht den üblichen, z. B. bisher in TGL 0-60900 definierten Fadenarten eindeutig zuordnen.

Kernmantelfäden sind dadurch gekennzeichnet, daß sie aus zwei Komponenten, nämlich aus einem Fadenkern und einem Fadenmantel bestehen, und der weitgehend gestreckte fadenförmige Fadenkern — im Gegensatz zu den Einzelfäden im Zwirn — praktisch keine gemeinsamen schraubenförmigen Windungen mit dem Fadenmantel aufweist.

Es handelt sich bei den Kernmantelfäden um eine selbständige Fadenart, für die die Terminologie im folgenden festgelegt wird. Hierbei erfolgt die terminologische Gliederung in Unterarten nach dem Erscheinungsbild des Kernmantelfadens bzw. nach der Art des Fadenmantels. Eine weitere Untergliederung durch besondere Benennungen nach der Art des Fadenkerns wird wegen der Vielfalt der Kombinationsmöglichkeiten nicht vorgenommen, zumal der Fadenkern äußerlich im allgemeinen nicht in Erscheinung tritt. Der Fadenkern muß, soweit erforderlich, zusätzlich bezeichnet werden.

*2. Terminologie*

*2.1. Begriffe*

| Benennung | Erläuterung | Kurzzeichen |
|---|---|---|
| 1. Kernmantelfaden | Faden, bei dem ein annähernd parallel zur Fadenlängsachse verlaufender Kern von einem Mantel aus Fasern oder Fäden ganz oder teilweise umhüllt ist. Der Fadenkern nimmt an dem schraubenförmigen Windungsverlauf der Mantelfasern oder -fäden nicht teil. | KM—N[1]) |
| 1.1. Kernmantelgarn[2]) | Kernmantelfaden, bei dem der Mantel aus Fasern besteht, mit denen der Fadenkern umsponnen (umwunden) ist. | KM—G |
| 1.2. Kernmantelwindefaden | Kernmantelfaden, bei dem der Mantel aus einem oder mehreren Fäden besteht, mit dem oder mit denen der Fadenkern umwunden ist. | KM—W |
| 1.3. Kernmantelflechtfaden[3]) | Kernmantelfaden, bei dem der Mantel aus Fäden besteht, mit denen der Fadenkern umflochten ist. | KM—L |

*2.2. Anwendung*

Faserstoffart und Faserstofform oder Fadenart der einzelnen Komponenten des Kernmantelfadens sind in der Reihenfolge

Fadenkern — Fadenmantel

zu beschreiben oder durch Kurzbezeichnungen zu kennzeichnen.

*Beispiel:*

Kernmantelgarn der Feinheit 280 tex, Drehungsrichtung Z, mit 2 Fäden Viskoseseide 76 tex als Fadenkern und Viskosefaser, Jute-Typ, als Fadenmantel

Kurzbezeichnung: KM-G 280 tex Z: VI-S 2×76 tex + VI-F-jt

[1]) Das Kurzzeichen KM gilt gemäß TGL 16-650014 Ausg. 7.63 (Garne; Übersicht, Begriffe) für Kammgarn. Es wird empfohlen, bei einem Überarbeiten dieses Standards das Kurzzeichen zu ändern, z. B. in K-G.

[2]) Das in der Benennung verwendete Wort „-garn" bezieht sich auf die Struktur des Fadenmantels, der z. B. nach dem Aufdrehen ein verzugsfähiges Faserband ist.

[3]) Die Bezeichnung „Kernmantelflechtfaden" ist dann anzuwenden, wenn der Fadenkern die zugkraftaufnehmende Komponente des Fadens ist. Sie gilt nicht für „geflochtene Schnur", die lediglich zum Füllen sogenannte Einlagefäden enthält.

| FA Textilterminologie der Kammer der Technik | **Begriffe für Arbeitsgänge der Textil- und der Chemiefaserstoffindustrie** *Recken* *Verziehen* | 21. Mitteilung Dezember 1971 |
|---|---|---|

*Der FA Textilterminologie hat die nachstehenden Festlegungen bestätigt und zum Veröffentlichen freigegeben. Ihre Anwendung im gesamten wissenschaftlichen und technischen Sprachgebrauch sowie im Schrifttum und in Standards wird empfohlen.*

## *1. Vorbemerkungen*

Der Ausdruck „Strecken" wird im allgemeinen Sprachgebrauch mehrdeutig angewendet. Neben seinem eigentlichen Bedeutungsinhalt

„Geradelegen", „Krummes gerade machen"

wird er auch im Sinne von

„Verlängern", „Ausdehnen", „Verlängern durch Ausdehnen"

gebraucht.

In den Bereichen der Textil- und der Chemiefaserstoffindustrie führt die Verwendung des Begriffes „Strecken" für unterschiedliche Prozesse, die u. U. in ein und demselben Bereich nebeneinander ablaufen, zu erheblichen Verständigungsschwierigkeiten. Deshalb wurde der Begriff „Recken" eingeführt, unter dem eindeutig nur das „Verlängern durch Ausdehnen" (z. B. der Elementarfäden), aber nicht das „Geradelegen" verstanden wird.

Der für die Spinnereitechnologie typische Prozeß des Verfeinerns von Faserbändern hat zwar auch ein Verlängern zur Folge, das aber weder durch „Ausdehnen" noch durch „Geradelegen", sondern durch Verschieben der Fasern gegeneinander erfolgt. Daher ist dieser Prozeß auch weder mit dem „Recken" identisch, noch wird er durch die bisher häufig verwendete Benennung „Strecken" richtig beschrieben. Für ihn soll deshalb die Benennung „Verziehen" verwendet werden, die auch bisher schon üblich ist.

Dann kann die Bezeichnung „Strecken" im textilen Bereich eindeutig und in ihrem eigentlichen Sinne angewandt werden, z. B. bei Kräuselungs- oder anderen Messungen.

Es ist nicht beabsichtigt, mit dieser Terminologie eine Änderung der zur Zeit standardisierten und von „Strecken" abgeleiteten Benennungen von Textilmaschinen durchzusetzen.

## *2. Terminologie*

| | |
|---|---|
| Recken[1]) | Im Sinne der Chemiefaserstoffherstellung und der Textiltechnik überwiegend irreversibles Längen (Verlängern) von Elementarfäden, Folien oder Textilien durch Einwirken einer Zugkraft; z. B. zum Zwecke der Molekülorientierung bei Elementarfäden und Folien. |
| Verziehen[1]) | Im Sinne der Spinnereitechnologie Verfeinern von Faserbändern oder Vorgarnen durch gesetzmäßiges Bewegen der im allgemeinen längsorientierten Fasern parallel zueinander. |

[1]) Die bisher für „Recken" und „Verziehen" häufig verwendete Benennung „Strecken" soll vermieden werden, da sie nach ihrer Bedeutung in der Textilindustrie mehr den Vorgang des „Geradelegens" beschreibt.

# Neue Bücher

*Reviews in Macromolecular Chemistry.* Vol. 1. Hgg. von *G. B. Butler* und *K. F. O'Driscoll.* New York: Marcel Dekker 1967. Lwd. VIII, 449 S. $ 17.75.

Zusammenfassende Darstellungen von Forschungsgebieten vermitteln dem Bearbeiter solcher Übersichten meist neue Anregungen; für jeden am Thema interessierten Nutzer sind sie eine wertvolle Hilfe beim Einarbeiten in ein neues Gebiet, für die theoretische Vertiefung laufender Forschungsarbeiten und schließlich für Lehrzwecke. Mit dem vorliegenden Buch wird eine neue Reihe von Übersichtsartikeln in englischer Sprache begonnen. Sieben Themen der theoretischen, der präparativen und der analytischen Polymerchemie werden von Fachleuten in knapper und kritischer Form abgehandelt.

*Driscoll* (USA) und *Yonezawa* (Japan) diskutieren im ersten Kapitel die Anwendung der MO-Theorie auf die Vinylpolymerisation. Das Problem, an dem nun bereits 20 Jahre gearbeitet wird, wird auf 30 Seiten verständlich gemacht. Tabellen und Diagramme zeigen, daß die zumeist mit halbempirischen Ansätzen betriebenen Arbeiten prinzipiell erfolgreich verlaufen sind. Es werden die Bemühungen um MO-Berechnungen von Parametern radikalischer und ionischer Polymerisationen beschrieben; für die radikalischen Polymerisationen liegt das umfangreichste Material vor (Stand von 1965/66).

Die beiden stoffbezogenen Kapitel „Polyalkylenoxide" (*Gurgiolo*/USA) und „Polyurethane" (*Lyman*/USA) erheben keinen Anspruch auf vollständige Darstellungen dieser wissenschaftlich wie technisch bereits sehr breit bearbeiteten Stoffklassen. *Gurgiolo* beschränkt sich von vornherein auf einen Überblick über Arbeiten, die 1963 und 1964 zum Thema Polyalkylenoxide erschienen sind. Dabei werden Mechanismen, Katalysatoren und physikalische Eigenschaften gleichberechtigt abgehandelt. Dies geschieht anhand von ca. 350 verarbeiteten Literaturstellen auch sehr detailliert. Das Interesse von *Lyman* gilt vorzugsweise den linearen Polyurethanen. Die erklärte Absicht, dem präparativ arbeitenden Polymerchemiker einen nützlichen Überblick über die Syntheseprinzipien und über einige Struktur-Reaktivitäts-Ergebnisse zu geben, kann als gelungen angesehen werden.

*Reich* und *Stivala* (beide USA) setzen sich mit der thermischen Oxydation gesättigter Olefine auseinander. Sie schränken das Gebiet auf die unkatalysierten, ohne Initiatorzusatz verlaufenden Reaktionen, also auf den eigentlichen Reaktionsverlauf ein. Als Einflußgrößen werden Primärstruktur, Morphologie, Probendimensionen, Verunreinigungen, Temperatur und Sauerstoffkonzentration betrachtet. Die Verhältnisse bei Polyäthylen, Polypropylen und Poly-(buten-1) werden danach speziell besprochen.

*De Winter* (USA) gibt auf 20 Seiten einen sehr gedrängten Überblick über „Doppelsträngige Polymere". Dieses Gebiet wurde von etwa 1960 an von sowjetischen und amerikanischen Autoren mit etwa gleichem Engagement sehr erfolgreich bearbeitet. *De Winter* unterscheidet zwei Klassen der doppelsträngigen Polymeren: Band-Polymere und Polymere mit Leiterstrukturen. Unter Band-Polymeren sind Strukturen zu verstehen, in denen Atome und/oder aromatische bzw. pseudoaromatische Ringe durch Doppelbindungen verknüpft sind. Der knappe Überblick geht in der Hauptsache auf theoretische Primärstrukturen ein. Angaben zu den elektronischen Eigenschaften der Polymeren sind mehr zufällig eingestreut.

Mit dem Kapitel „Biomedizinische Polymere" wird von *Lyman* ein interessantes und zukunftsträchtiges Applikationsgebiet für Polymere vorgestellt. In den Abschnitten Synthese und Fabrikation solcher Polymerer wendet sich der Autor mit einigen Grundinformationen mehr an den Mediziner. Für den Synthesechemiker sind die Abschnitte über die Wechselwirkung der Polymeren mit Blut und Gewebe die wichtigsten Informationsquelle zu diesem Thema. Das Kapitel schließt mit Abschnitten über Polymermembranen in der Medizintechnik (künstliche Niere und Lunge). Besonders wichtig erscheint es dem Rezensenten, daß für den Polymerchemiker die medizintechnische und medizinisch-biochemische Literatur mit ca. 100 Zitaten sorgfältig erschlossen wird.

Im letzten Kapitel des Buches wird von *Cantow* u. Mitarb. (USA) die Gelpermeationschromatographie mit organischen Lösungsmitteln unter praktisch-analysentechnischen Gesichtspunkten abgehandelt. Die Literatur ist bis etwa 1966 berücksichtigt.

Die breite Palette der Themenwahl des Buches halte ich für begrüßenswert. Die Übersichten sind sehr praxisorientiert angelegt und vermitteln den Zugang zu den wesentlichen weiterführenden Quellen. Der Band kann allen Forschungseinrichtungen, die sich mit experimenteller Polymerforschung und mit Applikationsprinzipien von Polymeren befassen, sowie einschlägigen Hochschulsektionen oder -bereichen als nützliche Arbeits- und Ausbildungshilfe empfohlen werden. *G. Reinisch*

*Cellulose and Cellulose Derivates.* Herausgegeben von *Norbert M. Bikales* und *Leon Segal.* Part IV und V. New York/London/Sidney/Toronto: Wiley-Interscience 1971, XIX, 718 S. und XIX, 692 S. (S. 719–1411). Lwd. £ 28,25.

Um diese bekannte Monographie auf den neuesten Erkenntnisstand zu bringen, wurde bewußt auf eine völlige Überarbeitung verzichtet. Die neueren Ergebnisse und Arbeitsrichtungen wurden statt dessen in den nunmehr vorliegenden Bänden IV und V zusammengefaßt, deren einzelne Abschnitte von kompetenten Fachleuten bearbeitet wurden.

Der *vierte Band* gliedert sich in vier Kapitel mit den Themen:

Strukturuntersuchungen an Cellulose und Cellulosederivaten,
Untersuchungen an Lösungen,
Mechanische Eigenschaften der Cellulose und
Biosynthese der Cellulose.

Das erste und zugleich umfangreichste Kapitel (379 Seiten) ist in folgende Abschnitte unterteilt:

Infrarotspektroskopische Strukturuntersuchungen an Pflanzen- und Bakteriencellulose und an Cellulose II im Hinblick auf Bandenzuordnung, Kettenorientierung, Kettenkonformation und Kristallinität.
Infrarotspektroskopische Untersuchung von Strukturänderungen durch Mercerisation, Abbau oder Quellung der Cellulose.
Infrarotspektroskopische Untersuchung chemisch modifizierter Cellulose unter qualitativen und quantitativen Gesichtspunkten.
Ermittlung von Strukturparametern durch Deuterium- und Tritiumaustausch.
Bestimmung von Struktur und Konformation der Cellulosemodifikationen durch Streuung von Röntgen- und Elektronenstrahlen.
NMR-Spektroskopie der Cellulose und ihrer Derivate einschließlich der Untersuchung von Modellsubstanzen.
Mikroskopische und elektronenmikroskopische Strukturuntersuchungen der Cellulose unter besonderer Berücksichtigung von Celluloseregeneratfasern.
Submikroskopische Untersuchungen zur Konfiguration und Konformation der Cellulose und ihrer Monomereinheiten in Lösung und als Festkörper im amorphen und kristallinen Zustand.
Ermittlung der Kristallinität aus der Röntgenstreuung und der Infrarotabsorption.
Quellungsuntersuchungen in Lösungen von Alkalien, Säuren, Salzen und Aminen mit Diskussion der gebildeten Celluloseverbindungen und Komplexe.

Das zweite Kapitel (220 Seiten) umfaßt Untersuchungen an Celluloselösungen, wobei neuere Celluloselösungsmittel und die Bestimmung der Moleküldimensionen im Vordergrund stehen. Im einzelnen werden behandelt:

Untersuchungen in den neueren Lösungsmitteln auf der Basis von Metallkomplexen, insbesondere im Eisen-Weinsäure-Komplex (EWNN).

Theorie der Lichtstreuung und ihre Anwendung zur Ermittlung molekularer Größen von Cellulose und Cellulosederivaten.
Theorie und Praxis der Osmose einschließlich der Anwendung auf Polyelektrolyte.
Allgemeine Grundlagen der Viskosimetrie verdünnter Lösungen und ihre Verwendung zur Untersuchung von Cellulose und ihren Derivaten.
Ergebnisse der Fraktionierung von Cellulose und Cellulosederivaten im Hinblick auf die Verteilung der rel. Molekülmassen, der Substitutionsgrade, der Kristallinität, der lateralen Ordnung und der Kohlehydratzusammensetzung.
Lösungszustand (Teilchenspektrum), thermodynamische Funktionen und rheologische Eigenschaften konzentrierter Lösungen der Cellulose und ihrer Derivate.

Das dritte Kapitel (74 Seiten) befaßt sich mit den mechanischen Eigenschaften der Cellulose. Dabei wird besonderer Wert auf die mechanischen Eigenschaften von Fasernetzwerken in Flächengebilden gelegt. Das Kapitel wird in folgende Abschnitte aufgeteilt:

Mechanische Eigenschaften von nativen und Regeneratfasern bei statischer und dynamischer Prüfung und ihre Änderung durch Modifizierung der Fasern (Quellung, Vernetzung).
Diskussion experimenteller und hypothetischer Eigenschaften des Papiers bei mechanischer Beanspruchung.
Theoretische Betrachtungen zur mechanischen Deformation von Fasernetzwerken.

Im letzten Kapitel wird auf 39 Seiten die Biosynthese der Cellulose behandelt. Dabei wird zwischen dem chemischen Aufbau und der Strukturbildung in den beiden Abschnitten dieses Kapitels unterschieden:

Die Bionsynthese der Cellulose und anderer Polysaccharide der Zellwand mit dem Aufbau der Cellulose mittels zellfreier Pflanzenenzyme als Schwerpunkt.
Struktur der Cellulosemikrofibrillen unter besonderer Berücksichtigung ihrer Bildungsprozesse.

In allen Abschnitten wurde die Literatur — wenn auch manchmal etwas einseitig — bis etwa 1967 erfaßt. Der Wert dieses Buches für jeden auf dem Gebiet der Cellulose tätigen Chemiker und Physiker wird dadurch jedoch kaum gemindert, da es sowohl die schnelle Erlangung eines Überblicks als auch das Eindringen in spezielle Probleme anhand der umfangreichen Literaturzitate ermöglicht. Druck und Ausstattung des Buches sind sehr gut. Die Ergänzung der Bände I bis III des bekannten „*Ott/Spurlin*" durch diesen Band IV kann vom Rezensenten nur begrüßt und empfohlen werden. *K.-J. Linow*

Der jetzt neu erschienene *fünfte Band* dieser nach wie vor umfassendsten Monographie über Cellulose und ihre Derivate gliedert sich in drei große Abschnitte

über Cellulosederivate,
über Abbauvorgänge und
über neuere technologische Entwicklungen.

Innerhalb dieser drei großen Kapitel werden die einzelnen Sachgebiete in jeweils in sich geschlossenen Teilübersichten von international führenden Fachleuten behandelt, wobei die beigefügte Literaturzusammenstellung die bis etwa 1967 erschienenen Arbeiten berücksichtigt.

Das erste Kapitel umfaßt folgende Teilgebiete:

Einfluß der Morphologie auf die Reaktivität von Cellulose unter besonderer Berücksichtigung von Inclusions- und Verhornungserscheinungen sowie des hydrolytischen Abbaus zum level-off-DP.
Herstellung, Eigenschaften und Charakterisierung von Celluloseestern, wobei Celluloseacetat verständlicherweise den Schwerpunkt bildet, aber auch nichtkonventionelle Ester berücksichtigt werden.
Herstellung, Analyse und Verwendung von Celluloseäthern, wobei die durch Addition $\alpha$-$\beta$-ungesättigter Verbindungen, wie z. B. Acrylnitril, erhaltenen Äther, besonders behandelt werden.
Vernetzte Celluloseprodukte unter besonderer Berücksichtigung der chemischen Mechanismen und des Einflusses der übermolekularen Struktur.
Derivate mit ungewöhnlichen funktionellen Gruppen unter Betonung der aufbauende Synthesen am C-Gerüst erlaubenden Desoxycellulosen.
Pfropfpolymere der Cellulose, wobei sich an diese Übersicht als selbständiges Teilkapitel noch ein Überblick über die Umsetzungen bei Einwirkung energiereicher Strahlung und über Elektronenspinresonanzuntersuchungen an Cellulose anschließt.

Das zweite Kapitel bringt auf reichlich 100 Seiten in knapper, aber in den einzelnen Teilen sehr gut aufeinander abgestimmter Form einen Überblick über Abbaureaktionen der Cellulose und ihre technologische Bedeutung, wobei im einzelnen berücksichtigt werden:

die saure Hydrolyse und Alkoholyse,
der alkalische Abbau in Anwesenheit und Abwesenheit von Sauerstoff,
der thermische Abbau unter Betonung der heute bekannten Vorstellungen zum Abbaumechanismus,
der photochemische und schließlich
der enzymatische Abbau.

Das dritte Kapitel über neue Entwicklungen in der Technologie der Cellulose und ihrer Derivate mußte zwangläufig etwas heterogen ausfallen, da es den breiten Bogen von der Zellstoffgewinnung bis zur Bügelfrei-Ausrüstung von Baumwollgeweben umspannt. Ungeachtet dessen kann die getroffene Auswahl der Schwerpunkte als recht glücklich und repräsentativ betrachtet werden.
Jeweils unter Berücksichtigung der zugrundeliegenden chemischen Umsetzungen und Strukturänderungen, der analytischen Charakterisierung und der wirtschaftlich-technologischen Bedeutung der einzelnen Richtungen werden behandelt:

die Bügelfrei-Ausrüstung von Baumwolle,
die Herstellung von Celluloseregeneratfäden mit hohem Naßmodul und anderen hochfesten Typen, wobei ein recht guter historischer Überblick über die Entwicklung gegeben wird und der Schwerpunkt dann bei den Zusammenhängen zwischen Spinnverfahren und Fasermorphologie bzw. Faserfeinstruktur liegt,
die Herstellung von Cellulosetriacetatfäden unter Betonung der Fasereigenschaften,
die Herstellung von Papieren aus chemisch modifizierten Cellulosen,
die Gewinnung von Cellulosefilmen und Cellulose-Membranen, einschließlich der Hohlfasermembranen,
Herstellung und Eigenschaften von mikrokristalliner Cellulose,
Gewinnung von Ionenaustauschern auf Cellulosebasis,
die Flammfest-Ausrüstung cellulosischer Textilien,
die Gewinnung biologisch aktiver Cellulosematerialien,
die Dimensionsstabilisierung von Holz und schließlich
ein Überblick über neuere Entwicklungen der Prozesse zur Zellstoffherstellung unter Betonung des heutigen Erkenntnisstandes zum Mechanismus solcher Aufschlußprozesse.

Trotz einer manchmal etwas einseitig getroffenen Literaturauswahl ermöglicht das drucktechnisch ausgezeichnet ausgestattete Buch einen sehr guten Überblick über die hier angesprochenen Gebiete der Celluloseforschung. Sein Studium vermittelt dem in der Celluloseforschung tätigen Chemiker und Physiker wie auch dem in der Betriebspraxis stehenden Technologen eine Fülle wertvoller Anregungen und kann gleichermaßen zur Einarbeitung in ein spezielles Teilgebiet empfohlen werden. *B. Philipp*

*Xanthates and Related Compounds.* Von *S. Ramachandra Rao.* New York: Marcel Dekker, Inc., 1971. VI, 504 S., Klwd. $ 29.75

Die Xanthate stellen einen Verbindungstyp von großem praktischem Interesse dar und finden in sehr verschiedenen Bereichen Verwendung, so z. B. als Zwischenprodukt bei der Erzeugung von Regeneratcelluloseprodukten nach dem Viskoseverfahren, als Sammler bei der Erzaufbereitung im Flotationsprozeß oder als Hilfsmittel und Reagenz in der chemischen Analytik. Dementsprechend stehen in der umfangreichen Literatur über Xanthate sehr verschiedene Aspekte im Vordergrund der Betrachtungen, wobei häufig der

Gesamterkenntnisstand auf diesem Gebiet nicht optimal genutzt wird. Ein Grund hierfür ist u. a. darin zu sehen, daß die Publikationen über Xanthate weit verstreut in den verschiedensten Zeitschriften erscheinen. Anliegen des Autors war es deshalb, durch eine zusammenfassende Darstellung des Gesamtgebietes zur Überwindung dieses ungünstigen Zustandes beizutragen sowie für die einzelnen Teilgebiete den derzeitigen Erkenntnisstand darzulegen und die zukünftigen Möglichkeiten abzustecken.

Unter diesem Gesichtspunkt ist das Erscheinen des Werkes, das ein echtes Bedürfnis befriedigt, besonders zu begrüßen.

Der Verfasser unterteilte den Stoff in die folgenden 10 Kapitel:

Einführung, 6 Seiten;
Methoden der Herstellung und Reinigung, 25 Seiten;
Allgemeine chemische Eigenschaften und Reaktionen, 63 Seiten;
Methoden der Analyse von Xanthaten, 35 Seiten;
Dixanthogene, 20 Seiten;
Strukturchemie von Xanthaten und Dixanthogenen, 80 Seiten;
Xanthate in der Mineralflotation, 126 Seiten;
Chemisch-analytische Anwendungen, 36 Seiten;
Xanthate in der Celluloseindustrie, 84 Seiten;
Verschiedene Anwendungen der Xanthate und Dixanthogene, 19 Seiten.

Jedes Kapitel ist mit einem gesonderten Literaturverzeichnis versehen, wobei hauptsächlich Literatur aus den Jahren 1950 bis etwa 1966/68 berücksichtigt wurde. Neuere Arbeiten wurden nur in einigen Ausnahmefällen zitiert, wohingegen bei entsprechender Bedeutung in einigen Kapiteln stärker auf weiter zurückliegende Literatur zurückgegriffen wurde. Insgesamt fanden etwas über 300 Arbeiten Berücksichtigung, die über ein zusammenfassendes Autorenregister im Text aufgesucht werden können. Die Zahl der erfaßten Publikationen ist damit relativ klein; jedoch konnte angesichts der großen Zahl vorliegender Originalarbeiten Vollständigkeit nicht das Ziel des Autors sein. Der Wert des Buches wird daher in starkem Maße von der sinnvollen Auswahl des Materials bestimmt.

Zum Inhalt wäre an dieser Stelle zu erwähnen, daß sich der Titel „Xanthates and Related Compounds", wie auch die Kapitelüberschriften zeigen, offensichtlich nur auf die mitbehandelten Dixanthogene bezieht und weder die Pseudoxanthate (COS-Derivate) noch die Thiocarbonate oder die Thiocarbamate einschließen soll.

Vom Umfang und Inhalt her am stärksten sind naturgemäß die das Arbeitsgebiet des Verfassers berührenden Kapitel (Strukturchemie von Xanthaten und Dixanthogenen; Xanthate in der Mineralflotation); aber auch die übrigen Kapitel vermitteln einen recht guten Überblick über den jeweiligen Entwicklungsstand auf den einzelnen Teilgebieten und bringen neben theoretischen Betrachtungen z. T. eine Reihe wertvoller methodischer Details (z. B. Arbeitsvorschriften). Bei der Gegenüberstellung unterschiedlicher Auffassungen könnte man sich in einigen Fällen eine etwas stärkere Wertung seitens des Autors wünschen, wobei allerdings bei der Breite des Materials eine solche Stellungnahme für einen einzelnen nicht immer leicht sein dürfte. Der Vorzug des Buches liegt zweifellos in der Zusammenführung der unter den verschiedensten Gesichtspunkten an und mit Xanthaten durchgeführten Untersuchungen, die den auf den verschiedensten Gebieten tätigen Forschern sowohl die Gedankengänge als auch die Literatur der Nachbargebiete erschließt.

Das in leichtem und flüssigem Stil geschriebene, in Druck und Ausstattung ansprechende Buch kann allen, die sich in irgendeiner Form mit Xanthaten befassen, als ergänzende Übersicht empfohlen werden. *Horst Dautzenberg*

*Characterization of macromolecular structure.* Proceedings of a Conference April 5—7, 1967, Warrenton, Virg. USA. Hgg. vom Committee of Macromol. Chem. und der Division of Chem. and Chem. Technol. des National Res. Council der USA. Publication 1573. Washington: Nat. Acad. Sci. 1968. IX, 410 S., Lwd., $ 15.—

Die Konferenz, deren Hauptvorträge hier wiedergegeben werden, hatte es sich zum Ziel gesetzt, den Stand des methodischen Wissens und der Experimentaltechniken zur Charakterisierung von gelösten Polymeren zusammenfassend darzustellen. Theoretische Gesichtspunkte wurden dabei nicht vernachlässigt. Sie ordnen sich aber stets der Absicht unter, die teilweise schon seit mehreren Jahrzehnten bekannten Charakterisierungsverfahren rationell zu nutzen. Als ein wesentliches Anliegen der Konferenz wurde es auch betrachtet, das Gespräch zu vertiefen zwischen den Bearbeitergruppen, die sich mit synthetischen Polymeren befassen, und jenen, die an Biopolymeren arbeiten. Die Darstellungen über die nachstehend genannten Gebiete werden stets in sehr verdichteter Form gegeben. Diese Fortschrittsberichte sind aber zumeist durch zahlreiche Literaturhinweise belegt, so daß der an Beleg und Vertiefung Interessierte das weiterführende Material in jeder Fachbibliothek eines Polymerinstituts leicht nachschlagen kann.

Kapitel 1 betrifft die Bestimmung der rel. Molekülmassen unter Ausnutzung kolligativer Eigenschaften. *Ezrin* behandelt die Ebulliometrie, *Elias* die dynamische Osmometrie, und *Coll* und *Stross* setzen sich mit den gegenwärtigen Experimentaltechniken der Gleichgewichts-Osmometrie auseinander. *Armstrong* bringt eine für den Praktiker (sofern dieser Shell- oder Mechrolab-Geräte benutzt!) nützliche tabellarische Übersicht über die gerätetechnischen Daten und die Zuverlässigkeit von Schnell-Osmometern.

Im 2. Kapitel sind Vorträge und Bemerkungen über Molmassen- und Gestaltsbestimmungen zusammengefaßt. *Kratochvil* gibt eine gedrängte, tabellarisch untermauerte Information über Eichstandards für die Streulichtphotometrie; besonders ausführlich wird auf die Polystyrol-Standardproben der Dow Chemical Co., des Nat. Bureau of Standards der USA und der US-amerikanischen Firma Pressure Chemicals Co. eingegangen. *Doppke* und *Heller* berichten über eine neue optische Methode zur Bestimmung der Dimensionen von nichtsphärischen Streuobjekten. Es wurden systematische Untersuchungen in strömenden Systemen an $\gamma$-FeOOH-Modellsubstanzen durchgeführt. Von *Kirste* werden Röntgen-Kleinwinkel-Analysen an Polymethylmethacrylat-Lösungen beschrieben; daraus berechnete M-Werte, Knäueldurchmesser und zweite Virialkoeffizienten erwiesen sich als sehr zuverlässig. Über Sedimentations-Gleichgewichts-Experimente mit der Ultrazentrifuge und über neue theoretische Gesichtspunkte zur Auswertung solcher Versuche wurde von *Adams* vorgetragen. Die theoretischen Betrachtungen über die Anwendung der Grundgleichungen auf Polyelektrolytsysteme und auf Mischlösungsmittelsysteme werden dabei ausführlich wiedergegeben; an heterodispersen Systemen wird gezeigt, daß man verschiedene M-Mittelwerte ermitteln und die Polymerisationsgradverteilung sowie ihre verschiedenen Momente zuverlässig bestimmen kann. Assoziierende Systeme werden theoretisch breit abgehandelt. Der Autor hat mit seinen Darlegungen die Leistungsfähigkeit der Ultrazentrifuge für die quantitative Beschreibung der Charakteristika von gelösten Polymeren klar herausgestellt. In einer Nachbemerkung werden über die 120 verarbeiteten Literaturstellen hinaus weitere Fortschritte und Fortschrittsberichte aus dem Jahr 1967 aufgeführt. In einer kurzen Übersicht von *Strauss* werden in diesem Kapitel schließlich Charakterisierungsmethoden für Polyelektrolyte in Lösung abgehandelt.

Im Kapitel 3 geht es um Löslichkeitsuntersuchungen. *Allen* sowie *Koningsfeld* setzen sich mit thermodynamischen Faktoren der phasentrennenden Fraktionierung auseinander. *Koningsfeld* hat seine Arbeiten inzwischen ausführlich publiziert, so daß auf ihren Inhalt hier nicht näher eingegangen zu werden braucht. Die geschlossene, ausführliche Darstellung seiner Ergebnisse, wie sie in diesem Sammelband dargeboten wird, ist aber sicher selbst für Fachleute lesenswert. *Pennings* erörtert experimentelle und theoretische Aspekte der fraktionierenden Abscheidung kristalliner Niederschläge aus Polymerlösungen am Beispiel von linearen Polyäthylenen. Bei Kristallisation unter Rühren erhält man lose, fasrige Netzwerke. Einen knappen, referierenden Überblick über das Verhalten von Block- und Pfropfcopolymeren findet man im nächsten, von *G. E. Molau* verfaßten Abschnitt. Die interessanten Aspekte micellarer und mesomorpher Strukturen und die Erscheinung der „organisierten Polymeren" (*Sadron*) werden dabei recht ausführlich bedacht.

Im Kapitel „Fließmethoden" kommen *Tung* sowie *Moore* mit Abschnitten über Gelpermeationschromatographie zu Wort. Ihre Darstellungen werden ergänzt durch eine kurze

Mitteilung von *Casassa* über thermodynamische Interpretationen zur Gelchromatographie. *Porter* und *Johnson* geben einen Überblick über kolonnenchromatographische Methoden. *Craig* und Mitarbeiter handeln Trennungen an Membranen ab.

Kapitel 5 ist der Charakterisierung durch Transportmessungen gewidmet. Einer kurzen Einführung von *Peterlin* folgen Arbeiten von *Dam* über Dampfdruckosmometrie, von *Wales* über die Ermittlung von Verteilungen der Molmassen durch Sedimentationsmessungen am Thetapunkt sowie von *Oene* über die Viskosimetrie mit verdünnten Lösungen.

Im 6. Kapitel werden zwei Arbeiten über die Analyse von Verzweigungen und Vernetzungen vorgestellt. *Graessley* diskutiert indirekte Verfahren zur Berechnung von Vernetzungen (Viskosimetrie). *Shultz* behandelt Netzwerk-Analysen (Elastizitätsmessungen, Quellungsmessungen, chem. Methoden), wobei Methacrylat/Dimethacrylat-Systeme als Beispielsfall auch ausführlich stofflich betrachtet werden.

Der Sammelband ist nach Auffassung des Rezensenten ein nützliches Handbuch für Polymeranalytiker theoretischer und experimenteller Arbeitsrichtung. Das Buch kann auch dem in der Lehre Tätigen als Nachschlagewerk über das Spezialgebiet der Charakterisierung von Polymeren in Lösungen gute Dienste leisten. *G. Reinisch*

*The Physics and Chemistry of Wood Pulp Fibers.* Papers Presented at a Seminar Sponsored by the Technical Association of the Pulp and Paper Industry, 12. bis 15. Mai 1969. Hgg. von *D. H. Page.* Special Technical Association Publication STAP Nr. 8. New York: Technical Association of the Pulp and Paper Industry 1970. X, 348 S. Geb.

Die TAPPI/USA veröffentlicht in diesem Band Vorträge, die auf der internationalen Konferenz des Komitees für Papier-Physik in Appleton, Wis., vom 12. bis 15. Mai 1969 abgehalten wurde. Den Vortragenden wurde hier Gelegenheit zur Publikation des vollen Textes ihrer Beiträge gegeben.

Die Arbeiten wurden in vier Kapitel zusammengefaßt.

I. Ultrastruktur,
II. Strukturänderungen durch chemische Einflüsse,
III. Mechanische Eigenschaften der Holzfaser-Elemente,
IV. Grenzflächeneigenschaften der Elementarfäden.
V. Schlußbetrachtung.

Dem Thema der Tagung entsprechend wird hier über Arbeiten zur weiteren Erforschung der Struktur des Holzes und deren Veränderungen bei chemischen Eingriffen berichtet. Im Vordergrund standen hierbei physikalische und physikalisch-chemische Untersuchungen zur Kenntnis der immer noch umstrittenen Fibrillenstruktur, der man einen ganz wesentlichen Einfluß auf die makroskopischen Eigenschaften aus Holz hergestellter Produkte zuschreibt.

Interessant sind dabei nicht nur neue Interpretationen experimenteller Ergebnisse auf dem Gebiet der Elektronenmikroskopie, sondern auch die Beschreibung präzisierter Mikroskopiertechniken, die ein genaueres Vermessen der Strukturelemente und damit eine quantitativere Anwendung der Elektronenmikroskopie erlauben.

In dem Kapitel: Structure and Chemical Change wird u. a. über die mikroskopische Verfolgung des Delignifizierungsprozesses berichtet.

Ein breiter Raum ist dem III. Kapitel gewidmet, in dem detailliert auf Untersuchungen zur Bestimmung der mechanischen Eigenschaften der Zellwand eingegangen wird, worüber bisher nur sehr wenig bekannt ist.

Im letzten Kapitel werden Untersuchungen zur Wasserabsorption in Zellstoffvliesen und Fibrillierungsmechanismen beschrieben. Da in dem besprochenem Buch ein breiter Kreis kompetenter Autoren zu Worte kommt, gewährt es jedem an der Holz- und Celluloseforschung Interessierten einen weitgehenden, wenn auch naturgemäß gestrafften Einblick in die derzeit aktuelle Problematik auf diesem Gebiet.

*Bischoff*

*Untersuchungen an thermisch behandelten Cellulosetriacetatfasern.* Von *G. Valk, G. Jellinek, H.-J. Berndt* und *W. Ringens.* Forschungsberichte des Landes Nordrhein-Westfalen. Nr. 2164. Opladen: Westdeutscher Verlag 1970. 38 S., 7 Abb. Brosch. DM 27,60.

Ähnlich wie bei Textilien aus Polyamid- und Polyestersind auch bei solchen aus Triacetat-Faserstoffen durch thermische Nachbehandlungen in Heißluft und Sattdampf Verbesserungen hinsichtlich der Dimensionsstabilität und der Knittererholung im trockenen und nassen Zustand erzielbar. Die angewandten Heißlufttemperaturen liegen dabei verhältnismäßig hoch (180 bis 250 °C).

Nach einer Literaturübersicht über den Stand von Untersuchungen zur thermischen Behandlung von Triacetat und die dabei beeinflußten strukturellen und textilphysikalischen Eigenschaften werden die eigenen Untersuchungen an TRICEL-Seide dargelegt. In mehreren Heißluft-Fixierreihen werden die Parameter Fixiertemperatur, Fixierzeit und Fixierspannung variiert. Allerdings ist keine direkte Vergleichbarkeit der Ergebnisse zwischen den Versuchsserien gegeben, weil jede Versuchsserie an einem anderen Fixierapparat (Wärmeschrank, zwei verschiedene Heizrohre, Labor-Fixierapparat der Firma Benz) mit unterschiedlichen Einstellmöglichkeiten und -bereichen sowie Genauigkeiten für die genannten drei Fixierparameter durchgeführt wurde. Dieses uneinheitliche Vorgehen wirkt sich in Unsicherheiten bei der Angabe von Fixierbedingungen aus, die zu bestimmten textilchemischen und textilphysikalischen Veränderungen führen.

Chemische Veränderungen der fixierten Fadenproben werden über die Bestimmung der Carbonyl-, Carboxy- und Hydroxygruppen zu erfassen versucht. Erst ab etwa 220 °C lassen sich aus den Meßwertveränderungen beginnende Kettenspaltungen ableiten. Die Anfärbbarkeit mit Dispersionsfarbstoffen nimmt ebenso wie die Jodsorption und das Quellvermögen mit wachsender Fixiertemperatur ab, ist aber von der Fixierspannung unabhängig.

Die Zunahme der Fixierspannung bewirkt Erhöhungen der Reißkraft und des Orientierungsgrades, während die Reißdehnung in beträchtlichem Maße reduziert wird. Erhöhte Fixiertemperaturen ergeben erst nach einem Maximum bei etwa 200 °C sinkende Reißkräfte, ab 200 °C auch das Anwachsen des Ordnungsgrades (röntgenografisch bestimmt), während die Reißdehnung je nach der Größe der Fixierspannung unterschiedlich stark abfällt.

*L. Vollrath*

# Patentschau

*Auszug aus der Lieferung 23/24/1971 der Patentschau „Faserstoffe und Textiltechnik", Ausgabe A: Faserstoffe einschl. Kunststoffe und organ. Grundsubstanzen, zusammengestellt von der Abteilung Wissenschaftliches Berichtswesen des Instituts für Faserstoff-Forschung der DAW, 153 Teltow-Seehof, Kantstr. 55*

Die Patentschau ist nach der Internationalen Patentklassifikation (IPC) gegliedert. Es bedeuten: DDP = DDR-Patent; DBP = Deutsches Bundespatent; DAS = (West-)Deutsche Auslegeschrift; DOS = (West-)Deutsche Offenlegungsschrift; OeP = Österreichisches Patent; PoP = Polnisches Patent; SzP = Schweizer Patent; FrP = Französisches Patent; GBP = Britisches Patent; JaP = Japanisches Patent; SvP = Schwedisches Patent; SUP = Sowjetisches Patent; ČSP = Tschechoslowakisches Patent; USP = Amerikanisches Patent; A = Anmeldedatum, O. bzw. B. = Tag der Ausgabe der Patent-, Offenlegungs- bzw. Auslegeschrift.

*Sektion C. Chemie und Metallurgie*

CHEMIE

*Klasse C 03. Glas; Mineral- und Schlackenwolle*

*C 03b 37/00. Herstellen oder Behandeln von Flocken, Fasern oder Fäden aus zähflüssigem Glas, zähflüssigem Mineralien oder Schlacken*

DOS 1596338. Verfahren und Vorrichtung zur Herstellung von Fasern aus thermoplastischen Werkstoffen. Erf. u. Anm.: *Jürgen Rave* u. *Niels Rave.* 2000 Hamburg (DB). A. 19. 10. 66, O. 4. 3. 71. Kl.: 29a, 6/30, 32a, 37/04, Int. Kl.: D 01d, C 03b 37/04. A.-Z.: P 1596338 (R 44385).

DOS 1596357. Verfahren und Vorrichtung zum verteilenden Ablegen von Fasern aus Glas oder anderen thermoplastischen Stoffen, insbesondere zur Bildung eines Vlieses. Erf.: *Robert Goerens*. Anm.: *Werner Hugo Wilhelm Schuller*, 8022 Grünwald (DB). A. 20. 1. 66, O. 18. 3. 71. Kl.: 32a, 37/10, Int. Kl.: C 03b 37/10. A.-Z.: P 1596357 (C 37970). Prior.: 21. 1. 65 (Fr; A.-Z.: 2745). Vgl. auch DAS 1289943.

DOS 1596395. Verfahren und Vorrichtung zur Herstellung sogenannter optischer Fasern. Erf.: *Madame Renee Crepet*. Anm.: Compagnie de Saint-Gobain, Neuilly-sur-Seine (Fr.) A. 10. 8. 67, O. 4. 3. 71. Kl.: 32a, 37/00, Int. Kl.: C 03b 37/00. A.-Z.: P 1596395 (C 43081). Prior.: 19. 8. 66 (Fr; A.-Z.: 73564). Entspr. SzP 461041.

DOS 1596454. Vorrichtung zur Hitzeabschirmung bei der Herstellung von Glasfäden und -fasern. Erf.: *Werner Hugo Wilhelm Schuller*. Anm.: Glaswerk Schuller GmbH, 6980 Wertheim (DB). A. 29. 6. 66, O. 4. 3. 71. Kl.: 32a, 37/02, Int. Kl.: C 03b 37/02. A.-Z.: P 1596454 (G 47306). Entspr. DDP 62651.

DOS 1942407. Verfahren und Vorrichtung zur kontinuierlichen Herstellung von Glasseidenfäden. Erf.: *James Melvin Higginbotham*. Anm.: Owens-Corning Fiberglas Corp., Toledo, Ohio (US). A. 20. 8. 69, O. 25. 2. 71. Kl.: 32a, 37/00, Int. Kl.: C 03b 37/00. A.-Z.: P 1942407.

*C 03c. Chemische Zusammensetzung von Gläsern, Glasuren oder Emails; Oberflächenbehandlung von Glas; Verbinden von Glas mit Glas oder anderen Stoffen*

OeP 295067. Verfahren und Vorrichtung zur fortlaufenden Erzeugung feiner Glasfäden. Inh.: *Werner Hugo Wilhelm Schuller*, München (DB). A. 1. 12. 67, B. 15. 4. 71. Kl.: 32a, 28. A.-Z.: 10863/67. Entspr. DDP 70972, DOS 1810960, SzP 480273 u. FrP 1595851.

*C 07d. Heterocyclische Verbindungen*

DDP 81656. Verfahren zur Herstellung von ε-Caprolactam Erf. u. Inh.: *Ernst Schmitz, Roland Ohme, Helmut Striegler, Hans-Ulrich Heyne* u. *Siegfried Schramm*. A. 19. 12. 68, B. 5. 5. 71. Kl.: 12p, 5, Int. Kl.: C 07d. A.-Z.: WP 12p/136839. Entspr. DOS 1961473.

*Klasse C 08. Makromolekulare Verbindungen: ihre Herstellung und chemische Verarbeitung; auf diesen Verbindungen beruhende Gemische*

*C 08f. Polymerisationsprodukte*

DOS 1949010. Initiatoren der Photopolymerisation ungesättigter Verbindungen. Erf.: *Hans-Jürgen Rosenkranz, Hans-Georg Heine* u. *Hans Rudolph*. Anm.: Farbenfabriken Bayer AG, 5090 Leverkusen (DB). A. 27. 9. 69, O. 1. 4. 71. Kl.: 39b4, 1/20, Int. Kl.: C 08f 1/20. A.-Z.: P 1949010. Entspr. FrP 2062693 u. GBP 1242988.

DOS 1942823. Verfahren zur Homo- oder Copolymerisation von Vinylchlorid in Abwesenheit von Lösungs- oder Dispergiermitteln. Erf.: *Karl Wisseroth, Hans-Georg Trieschmann, Peter Dodel, Lothar Höhr, Rudolf Herbeck* u. *Richard Scholl*. Anm.: Badische Anilin- & Soda-Fabrik AG, 6700 Ludwigshafen. A. 22. 8. 69, O. 11. 3. 71.Kl.: 39 b4, 3/30, Int. Kl.: C 08f 3/30. A.-Z.: P 1942823. Entspr. FrP 2059624.

DOS 1947788. Verfahren zur Herstellung von Polymerisaten, die Schwefelatome enthaltende Betaingruppen aufweisen. Erf.: *Harry Distler, Bernd Stanger, Rudi Widder, Alfred Müller II* u. *Wolfgang Druschke*. Anm.: Badische Anilin- & Soda-Fabrik AG, 6700 Ludwigshafen (DB). A. 20. 9. 69, O. 1. 4. 71. Kl.: 39b4, 3/84, Int. Kl.: C 08f 3/84. A.-Z.: P 1947788. Entspr. FrP 2061300.

DOS 1948623. Verfahren zur Herstellung von frei fließendem, körnigem, ataktischem Polybuten-(1). Erf.: *Albert Frese*. Anm.: Chemische Werke Hüls AG, 4370 Marl (DB). A. 26. 9. 69, O. 1. 4. 71. Kl.: 39b4, 3/12, Int. Kl.: C 08f 3/12. A.-Z.: P 1948623. Entspr. FrP 2063020.

DOS 2046143 Zus. z. Anm.: 1720233. Verfahren zur Tieftemperatur-Massepolymerisation von Vinylchlorid. Erf.: *Sergio Lo Monaco, Corrado Mazzolini, Luigi Patron* u. *Alberto Moretti*. Anm.: Chatillon Soc. An. Italiana per le Fibre Tessili Artificiali S.p.A., Mailand (It). A. 18. 9. 70, O. 1. 4. 71. Kl.: 39b4, 3/30, Int. Kl.: C 08f 3/30. A.-Z.: P 2046143. Prior.: 19. 9. 69 (It; A.-Z.: 22250 A-69). Entspr. FrP 2062922.

ČSP 142152. Verfahren zur Herstellung von Homo- oder Copolymeren von Vinylchlorid. Erf.: *Sergio Lo Monaco, Corrado Mazzolini, Luigi Patron* u. *Alberto Moretti*. A. 25. 9. 67, B. 1. 3. 71. Kl.: 39c, 25/01, Int. Kl.: C 08f 3/30. A.-Z.: 6804/67. Prior.: 24. 9. 66, 13. 4. 67 (It; A.-Z.: 21993/66, 21994/66, 14908 A/67). A.-Z.: 21994/56 vgl. auch ČSP 142153. A.-Z.: 21994/66 entspr. SzP 488751, FrP 1537528 u. GBP 1192639. A.-Z.: 14908 A/67 entspr. DDP 66023, DOS 1720233, OeP 280584 u. USP 3583964. Entspr. SzP 503767 u. GBP 1194260.

USP 3585176. Verfahren für die peroxydische Homopolymerisation oder Copolymerisation von Vinylmonomeren. Erf.: *Hans G. Gerrtsen* u. *Hans Jaspers*. Inh.: Koninklijke Industrieele Maatschappij Noury & van der Lande N. V., Brink, Deventer (Nd). A. 19. 8. 68, B. 15. 6. 71. Kl.: 260-85,5, Int. Kl.: C 08f 3/68, 7/04, 15/22. 7 Anspr. A.-Z.: 753778. Prior.: 29. 8. 67 (Nd; A.-Z.: 6711825). Entspr. FrP 1603069 u. GBP 1186835.

USP 3585174. Olefincopolymere und Verfahren für ihre Herstellung. Erf.: *Giulio Natta, Giorgio Mazzanti, Alberto Valvassori, Guido Sartori* u. *Nazareno Cameli*. Inh.: Montecatini Edison S.p.A., Mailand (It). A. 16. 8. 63, B. 15. 6. 71. Kl.: 260-80,78, Int. Kl.: C 08f 5/00. 39 Anspr. A.-Z.: 303174. Prior.: 17. 8. 62 (It; A.-Z.: 16495/62). Entspr. DOS 1520322, SzP 445862, FrP 1371435 u. GBP 975724.

DDP 82215. Verfahren zur verbesserten Herstellung von polaren Olefincopolymeren. Erf. u. Inh.: *Elisabeth Anton, Lothar Herrmann* u. *Irene Solf*. A. 26. 2. 69, B. 20. 5. 71. Kl.: 39c, 25/01, Int. Kl.: C 08f. A.-Z.: WP 39c/138446. Entspr. DOS 1914888.

GBP 1245011. Feste Methylvinyläther/Maleinsäure-Copolymere. Inh.: Imperial Chemical Industries Ltd. A. 28. 6. 68, B. 2. 9. 71. Kl.: C3. P, Int. Kl.: C 08f 15/02. A.-Z.: 30988/68. Entspr. DOS 1930673 u. FrP 2011772.

GBP 1246878. Polymerkompositionen und ihre Herstellung. Inh.: Israel Mining Industries-Institute for Research & Development. A. 17. 5. 69, B. 30. 8. 71. Kl.: C3.P, Int. Kl.: C 08f 15/40. A.-Z.: 13778/69. Prior.: 14. 4. 68 (Israel; A.-Z.: 29778). Entspr. DOS 1916058 u. FrP 2006212.

DOS 1945358. Polyalkenamere und Verfahren zu deren Herstellung. Erf.: *Roland Streck* u. *Heinrich Weber*. Anm.: Chemische Werke Hüls AG, 4370 Marl. A. 8. 9. 69, O. 18. 3. 71. Kl.: 39b4, 17/00, Int. Kl.: C 08f 17/00. A.-Z.: P 1945358. Entspr. FrP 2061598.

DOS 1942017. Verfahren zur Fällungspolymerisation von gegebenenfalls substituierten alpha-Methylstyrolen. Erf.: *Herbert Schott* u. *Walter Herwig*. Anm.: Farbwerke Hoechst AG vorm. Meister Lucius & Brüning, 6230 Frankfurt. A. 19. 8. 69, O. 4. 3. 71. Kl.: 39b4, 19/00, Int. Kl.: C 08f 19/00. A.-Z.: P 1942 017. Entspr. FrP 2058977.

USP 3579474. Elastomere Tetrafluoräthylencopolymere mit Phenoxyäthylgruppen und deren Vulkanisierung. Erf.: *Rolland S. Ro*. Inh.: E. I. du Pont de Nemours & Co., Wilmington, Del. A. 16. 12. 68, B. 18. 5. 71. Kl.: 260-29,6, Int. Kl.: C 08f 19/04, 45/24. 10 Anspr. A.-Z.: 784234. Entspr. DOS 1960312.

DOS 1941332. Verfahren zur Chlorierung von Polyvinylchlorid oder Polyäthylen. Erf.: *Konrad Fichtel, Kurt Kollmannsberger* u. *Hermann Meyer*. Anm.: Consortium für elektrochemische Industrie GmbH, 8000 München. A. 14. 8. 69, O. 25. 2. 71. Kl.: 39b4, 27/02, Int. Kl.: C 08f 27/02. A.-Z.: P 1941332. Entspr. FrP 2058035.

DOS 1669718. Formmassen aus chlorierten Äthylenpolymerisaten. Erf.: *Hans-Georg Trieschmann* u. *Gerhard Zeitler*. Anm.: Badische Anilin- & Soda-Fabrik AG, 6700 Ludwigshafen (DB). A. 26. 8. 67, O. 25. 3. 71. Kl.: 39b4, 29/22, Int. Kl.: C 08f 29/22. A.-Z.: P 1669718. Entspr. GBP 1227226.

USP 3585257. Polymerisationsverfahren zur Herstellung von Blockpolycomeren. Erf.: *Mueller jr, X. Francis*, u. *Henry L. Hsieh*. Inh.: Phillips Petroleum Co. A. 2. 11. 67, B. 15. 6. 71. Kl.: 260-880, Int. Kl.: C 08f 29/12, C 08g 17/02. 10 Anspr. A.-Z.: 679991. Entspr. FrP 1590449.

GBP 1245268. Verfahren zur Herstellung von harzhaltigen Pigmentkompositionen. Inh.: Kemisk Vaerk Koge A./S. A. 5. 9. 68, B. 8. 9. 71. Kl.: C3. P, Int. Kl.: C 08f 45/14. A.-Z.: 42335/68. Prior.: 6. 9. 67 (Nd; A.-Z.: 4472).

DOS 1942484 Zus. z. Anm.: 1906724. Verfahren zum Einfärben von Kunststoffpulvern aus Polyvinylchlorid und ähnlichen Thermoplasten mit Pigmenten. Erf.: *Karl-Heinz Stocksiefen* u. *Günther Meyer*. Anm.: Dynamit Nobel AG, 5210 Troisdorf. A. 21. 8. 69, O. 4. 3. 71. Kl.: 39b4, 47/04, Int. Kl.: C 08f 47/04. A.-Z.: P 1942484. Entspr. FrP 2030411.

*C 08g. Polykondensations- und Polyadditionsprodukte*

ČSP 142221. Verfahren zur Herstellung von pulverförmigen Harzmassen Erf.: *Jiři Klejch, Alois Matějiček, Miloslav, Lidařik* u. *Bohdan Svoboda*. A. 16. 10. 68, B. 1. 3. 71. Kl.: 39c, 30, 1, 16, Int. Kl.: C 08g. A.-Z.: 7/102/68.

USP 3579481. Katalysatorsystem zum Polymerisieren von gesättigten, aliphatischen Aldehyden. Erf.: *Henricus Overmars, Josef Gerardus* u. *Jan Gerrit Noltes*. Inh.: International Lead Zinc Research Organization Inc., New York, N. Y. A. 5. 6. 68, B. 18. 5. 71. Kl.: 260-67, Int. Kl.: C 08g 1/06, 1/08. 12 Anspr. A.-Z.: 734576. Prior.: 20. 6. 67 (Nd; A.-Z.: 6708557). Vgl. auch USP 3579480. Entspr. GBP 1229247 u. GBP 1229248.

GBP 1249793. Polymerisation von Pivalolacton. Inh.: Shell Internationale Research Maatschappij N. V. A. 22. 1. 70, B. 13. 10. 71. Kl.: C3.R, Int. Kl.: C 08g 17/017. A.-Z.: 3127/70. Prior.: 14. 1. 69 (Nd; A.-Z.: 6901177). Entspr. DOS 2002846 u. FrP 2029042.

DOS 1943533. Polyesteramide. Erf.: *Eduard Radlmann* u. *Günter Ernst Nischk*. Anm.: Farbenfabriken Bayer AG, 5090 Leverkusen. A. 27. 8. 69, O. 4. 3. 71. Kl.: 39b5, 20/30, Entspr. FrP 2059348.

DOS 1947217. Für Formmassen besonders geeignete Polyamide. Erf.: *Johannes Schneider* u. *Wolfgang Pungs*. Anm.: Dynamit Nobel AG, 5210 Troisdorf (DB). A. 18. 9. 69, O. 1. 4. 71. Kl.: 39b5, 20/20, Int. Kl.: C 08g 20/20. A.-Z.: P 1947217. Entspr. FrP 2061793.

DOS 1947705. Hochmolekulare Polyamide mit Chinazolonringsystemen. Erf.: *Gerhard Dieter Wolf, Hans-Egon Künzel* u. *Günther Nischk*. Anm.: Farbenfabriken Bayer AG, 5090 Leverkusen (DB). A. 20. 9. 69, O. 1. 4. 71. Kl.: 39b5, 80/32, Int. Kl.: C 08g 20/32. A.-Z.: P 1947705. Entspr. FrP 2062381.

GBP 1247028. Polyamide. Inh.: Imperial Chemical Industries Ltd. A. 20. 11 69, B. 22. 9. 71. Kl.: C3.R, Int. Kl.: C 08g 20/02, 20/04, 20/10, 20/24. A.-Z.: 55061/68. Entspr. DOS 1958318.

DOS 1942560. Lineare, segmentierte Polyurethanelastomere, enthaltend aromatische Semicarbazidhydrazide als Kettenverlängerungsmittel. Erf.: *Wilhelm Thoma, Harald Oertel, Heinrich Rinke* u. *Ulrich Bahr*. Anm.: Farbenfabriken Bayer AG, 5090 Leverkusen. A. 21. 8. 69, O. 4. 3. 71. Kl.: 39b5, 22/04, Int. Kl.: C 08g 22/04. A.-Z.: P 1942460. Entspr. FrP 2059103.

DOS 1945476. Polyisocyanurat-Polyharnstoffe. Erf.: *Rolf Fischer, Hans-Joachim, Diehr* u. *Rudolf Merten*. Anm.: Farbenfabriken Bayer AG, 5090 Leverkusen. A. 9. 9. 69, O. 11. 3. 71. Kl.: 39b5, 33/02, Int. Kl.: C 08g 33/02. A.-Z.: P 1945476. Entspr. FrP 2061204.

SUP 313835 (Urheberschein). Verfahren zur Herstellung von Polyaminoäthern. Erf.: *Ju. V. Pokonova* Inh.: Leningradskij technologičeskij Institut Im. Lensoveta. A. 9.7.69, B. 7. 9. 71. Int. Kl.: C 08g 33/06. A.-Z.: 1346096/23-5.

SUP 313836 (Urheberschein). Polymermischung. Erf.: *T. A. Zyrjanova*, u. *G. M. Sešina*, Inh.: Leningradskij technologičeskij Institut Im. Lensoveta. A. 20. 4. 70, B. 7. 9. 71. Int. Kl.: C 08g 33/20. A.-Z.: 1424980/23-5.

FrP 2069389. Stabilisierte Polyoxymethylene. Inh.: Societa Italiana Resine S.p.A. A. 13. 11. 70, B. 8. 10. 71. Int. Kl.: C 08g 37/00, 5/00. A.-Z.: 7040756. Prior.: 14. 11. 69 (It; A.-Z.: 24407 A/69).

*C 08j. Allgemeine Herstellungs- und Verarbeitungsverfahren*

DDP 82833. Verfahren zur Verbesserung der Gebrauchseigenschaften von Hochpolymeren, insbesondere von hochpolymeren Textilien. Erf. u. Inh.: *Renate Schmidt* u. *Franz Sauerwald*. A. 6. 7. 70, B. 20. 6. 71. Kl.: 39b, 1/50, Int. Kl.: C 08j 1/50. A.-Z.: WP C 08g 148618.

DOS 1669810. Verfahren zur Herstellung schwerentflammbarer und antistatischer Formkörper auf der Basis von Polyolefinen. Erf.: *Kurt Kopetz* u. *Wilhelm Kolakowski*. Anm.: Chemische Werke Hüls AG, 4370 Marl (DB). A. 28. 10. 66, O. 25. 3. 71. Kl.: 39b7, 1/40, Int. Kl.: C 08j 1/40. A.-Z.: P 1669810.

*C 08k. Zusatzstoffe für allgemeine Anwendung*

DOS 1669607. Verfahren zur Herstellung von durch Fäden, Corde oder Gewebe aus regenerierter Cellulose verstärkten, vulkanisierbaren Elastomeren. Erf.: *Johannes Theodorus Kramer*. Anm.: Algemene Kunstzijde Unie N. V., Arnheim (Nd). A. 15. 6. 67, O. 18. 3. 71. Kl.: 39b8, 1/84, Int. Kl.: C 08k 1/84. A.-Z.: P 1669607. Prior.: 17. 6. 66 (Nd; A.-Z.: 6608426). Entspr. FrP 1527559.

OeP 294427. Gegen Wärme, Licht und Alterung stabilisierte Polymerzusammensetzungen. Erf.: *Millo Branchesi* u. *Paolo Lazzari*. Inh.: Montecatini Edison S.p.A., Mailand (It). A. 29. 9. 69, B. 15. 3. 71. Kl.: 39b, 24. A.-Z.: 9177/69. Prior.: 30. 9. 68 (It; A.-Z.: 21875 A/68). Entspr. FrP 2019 209.

*Sektion D. Textilien und Papier*

## TEXTILIEN

*Klasse D 01 Natürliche oder künstliche Fäden oder Fasern; Spinnen*

*D 01b .Mechanische Behandlung von natürlichen faserigen oder fadenförmigen Stoffen zur Gewinnung von Fasern oder Fäden, z. B. zum Verspinnen*

SUP 276316 (Urheberschein). Verrichtung zum kontinuierlichen Legen des Rohflachses. Erf.: *B. P. Korjakin, M. V. Gudkov, S. S. Mašalkon,* u. *S. L. Ukke.* Anm.: Central'nyj naučno-issledovatel'skij Institut Promyšlennosti lubjanych volokon. A. 28. 3. 69, B. 14. 7. 70. Kl.: 29a, 2/01, Int. Kl.: D 01b 1/32. A.-Z.: 1318396/28-12.

SUP 281732 (Urheberschein). Vorrichtung zum Absaugen der Feuchtluft aus dem Baumwollballen. Erf.: *S. N. Nusratov, G. A. Zacharev* u. *G. A. Achmadov.* Anm.: Bucharskij Zagotchlopkotrest. A. 9. 7. 68, B. 14. 9. 70. Kl.: 29a, 1, Int. Kl.: D 01b 1/02, A 01f 25/08. A.-Z.: 1256199/28-12.

*D 01d. Mechanische Verfahren und Vorrichtungen für die Herstellung von künstlichen Fäden, Gespinsten, Fasern, Borsten oder Bändern*

DOS 1660164. Verfahren zur Herstellung von Garnen aus Zweikomponentenendlosfäden und eine Vorrichtung zur Durchführung dieses Verfahrens. Erf.: *Jan Martinus Woestenenk,* u. *Frederik Anton Albert Dupont.* Anm. Algemene Kunstzijde Unie N. V., Arnheim (Nd). A. 3. 10. 66, O. 11. 3. 71. Kl.: 29a, 6/20, Int. Kl.: D 01d 5/22. A.-Z.: P 1660164 (A 53655). Prior.: 6. 10. 65 (Nd; A.-Z.: 6512919). Entspr. GBP 1166663.

DOS 1660224. Verfahren und Vorrichtung zur Wärmebehandlung von synthetischen Fäden und fadenartigen Gebilden. Erf.: *Heinz Schippers.* Anm.: Barmag Barmer Maschinenfabrik AG, 5600 Wuppertal (DB). A. 9. 8. 66, O. 11. 3. 71. Kl.: 29a, 6/31, Int. Kl.: D 01d. A.-Z.: P 1660224 (B 88395). Entspr. DDP 62392, SzP 450615, FrP 1533816, GBP 1178470 u. USP 3471608.

DOS 1660304. Verfahren zur Herstellung von Fäden aus Acrylnitril-Polymerisaten. Erf.: *Herbert Marzolph,* u. *Alfred Nogaj.* Anm.: Farbenfabriken Bayer AG, 5090 Leverkusen (DB). A. 14. 5. 66, O. 11. 3. 71. Kl.: 29a, 6/06, Int. Kl.: D 01d. A.-Z.: P 1660304 (F 49212). Vgl. auch DOS 1595630, S. 807/70. Entspr. FrP 1522886, GBP 1111026 u. USP 3505266.

DOS 1660501. Spinnbalken. Erf.: *Rainer Thiel.* anm.: Reihstahl Henschel AG, 3500 Kassel (DB). A. 22. 11. 66, O. 11. 3. 71. Kl.: 29a, 6/31, Int. Kl.: D 01d. A.-Z.: P 1660501 (R 44625).

DOS 1660650. Verfahren zur Herstellung von verstärktem Acetatgarn. Erf. u. Anm.: *Renato Torsellini,* Mailand (It). A. 30. 12. 66, O. 25. 3. 71. Kl.: 29a, 6/06, Int. Kl.: D 01d. A.-Z.: P 1660650 (T 32901). Prior.: 15. 1. 66 (It; A.-Z.: 28-205).

DOS 1660675. Verfahren zur Herstellung eines Garnes mit Titerschwankungen. Erf.: *Helmut Werner,* u. *Hans Stapp.* Anm.: Glanzstoff AG, 5600 Wuppertal (DB). A. 27. 4. 66, O. 25. 3. 71. Kl.: 29a, 6/06, Int. Kl.: D 01d A.-Z.: P 1660675 (V 30940). Entspr. SzP 501739, SzP 447463, FrP. 1521013 u. GBP 1188654.

DOS 1710608. Verfahren zur Herstellung von Spaltfasern. Erf.: *Ernst Pirot.* Anm.: J. P. Bemberg AG, 5600 Wuppertal (DB). A. 3. 10. 68, O. 11. 3. 71. Kl.: 29a, 6/06, Int. Kl.: D 01d. A.-Z.: P 1710608 (B 96092). Entspr. SzP 505218 u. FrP 1599551.

DOS 1710639. Elastisches Multifilamentgarn und Verfahren zu dessen Herstellung. Erf.: *Johan Jacques Mertens.* Anm.: N. V. Onderzoekingsinstituut Research, Arnheim (Nd). A. 22. 3. 65, O. 11. 3. 71. Kl.: 29a, 6/08, Int. Kl.: D 01d. A.-Z.: P 1710639 (N 26435). Prior.: 8. 4. 64 (Nd; A.-Z.: 6403698).

DOS 2046121. Verfahren zur Herstellung von Polyester-Fasern mit verbesserten Eigenschaften. Erf.: *Paolo Parrini, Elvino de Fornasari* u. *Eugenio Prina.* Anm.: Montecatini Edison S.p.A., Mailand (It). A. 18. 9. 70, O. 25. 3. 71. Kl.: 29a, 6/31, Int. Kl.: D 01d. A.-Z.: P 2046121. Prior.: 22. 9. 69 (It; A.-Z.: 22332 A-69). Entspr. FrP 2062405.

OeP 295022. Verfahren zum Schmelzspinnen von Kunststoff Fäden. Erf. u. Inh.: *Eugenio Calvete Capdevila.* Badalona (Sp). A. 11. 10. 66, B. 15. 4.71. Kl.: 29a, 7/01. A.-Z.: 9532/66. Prior.: 16. 10. 65 (Sp; A.-Z.: 318594). Entspr. DOS 1660255, SzP 436555, FrP 1496690, GBP 1166048 u. SvP 331155.

ČSP 142435. Verfahren zur Herstellung von profilierten oder hohlen und gekräuselten Fasern aus synthetischen linearen Polymeren, Copolymeren oder Mischpolymeren. Erf.: *Jozef Fulier.* A. 12. 10. 66, B. 19. 3. 71. Kl.: 29a, 6/04, 6/20, Int. Kl.: D 01d 5/22, 5/24. A.-Z.: 6474/66.

DOS 1785322. Vorrichtung zum Aufspulen textiler Fäden. Erf.: *Günter Jährig* u. *Heinrich Enncking.* Anm.: Industrie-Werke Karlsruhe AG, 7500 Karlsruhe (DB). A. 11. 9. 68, O. 25. 2. 71. Kl.: 29a, 6/01, Int. Kl.: D 01d 7/00. A.-Z.: P 1785322. Entspr. DDP 78621 u. SzP 495906.

DOS 1943658. Verfahren und Vorrichtung zur kontinuierlichen Herstellung einer Vielzahl von synthetischen Fäden, insbesondere von Polyamid- oder Polyesterfäden. Erf.: *Karl Lehner.* Anm.: Vickers-Zimmer AG, Planung und Bau von Industrieanlagen, 6000 Frankfurt (DB). A. 28. 8. 69, O. 4. 3. 71. Kl.: 29a, 6/31, Int. Kl.: D 01d 7/00. A.-Z.: P 1943658. Entspr. FrP 2057692.

*D 01f. Chemische Gesichtspunkte bei der Herstellung von künstlichen Fäden, Gespinsten, Fasern, Borsten oder Bändern*

DOS 1669417. Verfahren zum Färben von Polyamiden. Erf.: *Erich Istel, Reinhold Hörnle* u. *Karlheinz Wolf.* Anm.: Farbenfabriken Bayer AG, 5090 Leverkusen (DB). A. 15. 12. 66, O. 18. 3. 71. Kl.: 29b, 3/60, 22a, 45/16, Int. Kl.: D 01f, C 09b 45/16. A.-Z.: P 1669417 (F 50949). Entspr. SzP 490521, FrP 1548872. u. GBP 1219420.

ČSP 142166. Verfahren zum Färben von Polyamiden mit Hilfe von Pigmentpasten (Spôsob farbenia polyamidov pomocou pigmentovej pasty). Erf.: *Koloman Ondrejmiška, Ján Koren, Milan Benický* u. *Pavel Hrivnák.* A. 20. 12. 67, B. 1. 3. 71. Kl.: 29b, 3/60, Int. Kl.: D 01f 1/04. A.-Z.: 9001/67. Entspr. GBP 1230211.

DDP 82168. Verfahren zur Herstellung von Polyacrylnitrilfäden. Erf. u. Inh.: *Volker Gröbe, Renate Gieseke, Eberhard Peter, Siegfried Hartig* u. *Eberhard Roth.* A. 7. 3. 69, B. 20. 5. 71.Kl.: 29b, 3/65, Int. Kl.: D 01f. A.-Z.: WP 29b/138438. Entspr. DOS 2008498.

DDP 82386. Verfahren zum Verspinnen von Acrylnitrilpolymerisaten. Erf. u. Inh.: *Siegfried Hartig, Eberhard Roth, Inge Bohm, Walter Tretner, Heinrich Sandner, Eberhard Peter, Hans-Joachim Kröning,* u. *Hans-Werner Ollenik.* A. 22. 10. 69, B. 5. 6. 71. Kl.: 29b, 3/65, Int. Kl.: D 01f 7/02. A.-Z.: WP 29b/143229. Entspr. FrP 2062742.

DOS 1669411. Verfahren zur Herstellung gummielastischer Fäden. Erf.: *Horst Wieden, Hans Lenz, Fritz Moosmüller* u. *Armin Köhler.* Anm.: Farbenfabriken Bayer AG, 5090 Leverkusen (DB). A. 25. 6. 66, O. 25. 2. 71. Kl.: 29b, 3/60, Int. Kl.: D 01f. A.-Z.: P 1669411 (F 49555). Entspr. USP 3481905.

DOS 1669412. Verfahren zur Herstellung gummielastischer Fäden. Erf.: *Horst Wieden, Johannes Romatowski, Fritz Moosmüller,* u. *Hans Lenz.* Anm.: Farbenfabriken Bayer AG, 5090 Leverkusen (DB). A. 25. 6. 66, O. 25. 2. 71. Kl.: 29b, 3/60, Int. Kl.: D 01f. A,-Z.: P 1669412 (F 49556). Entspr. USP 3485800.

DOS 1669419. Verfahren zur Herstellung von Fäden aus Poly-β-Lactamen Erf.: *Karl Börner.* Anm.: Farbwerke Hoechst AG vorm. Meister Lucius & Brüning, 6000 Frankfurt (DB). A. 21. 12. 66, O. 18. 3. 71. Kl.: 29b, 3/60, Int. Kl.: D 01f. A.-Z.: P 1669419 (F 51029). Entspr. FrP 1551307, GBP 1145790 u. USP 3492390.

DOS 2039665. Verfahren zur Herstellung auffärbbarer Polyolefinfasern. Erf.: *Benito Beghelli,* u. *Pierpaolo Camprincoli.* Anm.: Montecatini Edison S.p. A., Mailand (It.) A. 10. 8. 70, O. 25. 2. 71. Kl.: 29b, 3/65, Int. Kl.: D 01f 7/02. A.-Z.: P 2039665. Prior.: 11. 8. 69 (It; A.-Z.: 20795 A/69). Entspr. FrP 2056785.

DOS 2044342. Verfahren zur Herstellung pigmentierter Polyolefinfasern. Erf.: *Benito Beghelli, Francesco Vacanti* u. *Giampaolo Guerani.* Anm.: Montecatini Edison S.p.A., Mailand (It). A. 8. 9. 70, O. 18. 3. 71. Kl.: 29b, 3/65, Int. Kl.: D 01f 7/02. A.-Z.: P 2044342. Prior.: 11. 9. 69 (It; A.-Z.: 21911 A/69). Entspr. FrP 2061145.

SUP 310957 (Urheberschein). Verfahren zur Herstellung von Spinnlösungen des Polyacrylnitrils. Erf.: *M. S. Mežirov, V. D. Žabin, V. N. Poljakov, E. A. Pakšver, L. M. Beder, L. B. Mal'kov, V. P. Čistjakova, V. N. Poluektov, Ju. I. Matveev,* u. *V. G. Suškin.* A. 28. 10. 68, B. 9. 8. 71. Int. Kl.: D 01f 7/08. A.-Z.: 1281263/23-5.

*Klasse D 02. Garne; mechanische Veredelung von Garnen oder Seilen: Schären oder Bäumen*

*D 02g. Kräuseln oder Krimpfen (Texturieren) von Fasern, Fäden, Zwirnen oder Garnen; Garne oder Zwirne*

DDP 82529. Vorrichtung für die Zufuhr eines thermoplastischen Endlosgarnes zu einer Strick- oder anderen Textilmaschine. Erf. u. Inh.: *Alexander William Mackintosh* Paterson (GB). A. 8. 5. 70, B. 12. 6. 71. Kl.: 29a, 6/20, Int. Kl.: D 02g 1/02. A.-Z.: AP D 02g /147395.

DOS 1940183. Verfahren zur Herstellung von mäßig elastischen Kräuselgarnen. Erf.: *Herbert Scherzberg.* Anm.: Farbenfabriken Bayer AG, 5090 Leverkusen (DB). A. 7. 8. 69, O. 4. 3. 71. Kl.: 29a, 6/20, Int, Kl.: D 02g 1/00. A.-Z.: P 1940183. Entspr. SzP 497552 u. FrP 2056747.

FrP 2065933. Vorrichtung zur Falschdrahterteilung für synthetische Fäden. Inh.: Akzo N. V., Aku N. V. A. 14. 10. 70, B. 10. 9. 71. Int. Kl.: D 02g 1/00. A.-Z.: 7037089. Prior.: 14. 10. 69 (Nd; A.-Z.: 69/15479, 69/1548p, 69/15481, 69/15482).

GBP 1247254. Apparatur zum Kräuseln von thermoplatischen Fäden. Inh.: Spinner Osakeyhtio. A. 15. 12. 69, B. 22. 9. 71. Kl.: D1.F, Int. Kl.: D 02g 1/02. A.-Z.: 60966/69. Prior.: 31. 10. 69 (Fi; A.-Z.: 3135). Entspr. SzP 505230 u. FrP 2065768.

USP 3582418. Herstellung von gekräuselten thermoplastischen Faserstoffen. Erf.: *Gerrit Schuur.* Inh.: Shell Oil Co., New York, N. Y. A. 28. 8. 67, B. 1. 6. 71. Kl.: 156-83, Int. Kl.: B 32b 31/14, 31/30. 10 Anspr. A.-Z.: 663567. Prior.: 31. 8. 66 (Nd; A.-Z.: 6612238). Entspr. DDP 64542.

## PAPIER

*Klasse; D 21. Papierherstellung; Gewinnung von Cellulose bzw. Zellstoff*

*D 21b. Faserige Rohstoffe und ihre mechanische Behandlung*

SvP 338914. Maschine zum Zerreißen von faserigen Massen. Erf.: *A. Thale,* O. B. *Hovstad* u. *L. Ivnäs.* Inh.: AS Niro Azomizer, Söberg (Da); u. Fiskeby AB, Norrköping. A. 20. 6. 66, B. 20. 9. 71. Kl.: 55c, 12, Int. Kl.: D 21b 1/30. A.-Z.: 8396/66.

*D 21c. Gewinnung von Cellulose durch Abschneiden nichtcelluloseartiger Substanzen von cellulosehaltigen Stoffen; Wiedergewinnung der Zellstoffablaugen; Vorrichtungen dafür*

FrP 2065935. Verbesserungen bei der Entlignifizierung und Bleiche von Cellulosemaischen durch gasförmigen Sauerstoff. Erf.: *L. Smith.* Inh.: South African Pulp and Paper Industries Ltd.; u. L'Air Liquide, Soc. An. pour l'Etude et l'Exploitation des Procédés Georges Claude. A. 14. 10. 70, B. 10. 9. 71. Int. Kl.: D 21c 1/00. A.-Z.: 7037092. Prior.: 15. 10. 69 (Union Süd-Afrika; A.-Z.: 69/7269).

SvP 340036. Verfahren und Vorrichtung zur kontinuierlichen Vorbehandlung von Holzspänen. Erf.: *G. I. Ingemarsson.* Inh.: Aktiebolaget Karlstads Mekaniska Werkstad, Karlstad (Sv). A. 31. 8. 70, B. 1. 11. 71. Kl.: 55b, 1/01, Int. Kl.: D 21c 1/02. A.-Z.: 11826/70.

USP 3585104. Organosolv-Zellstoffaufschlußverfahren und ein Rückgewinnungsverfahren. Erf. u. Inh.: *Theodor N., Kleinert,* 120 Embleton Crescent, Pointe Claire, Quebec (Ca). A. 29. 7. 68, B. 15. 6. 71. Kl.: 162-17, Int. Kl.: D 21c 3/24. 8 Anspr. A.-Z.: 748320.

SvP 337740 Vorrichtung zum Feinverteilen von flüssigen Stoffen. Erf.: *K. H. Wirths.* Inh.: L. & C. Steinmüller GmbH, Gummersbach/Rhld. (DB). A. 5. 12. 69, B. 16. 8. 71. Kl.: 55b, 3/01, Int. Kl.: D 21c 11/12. A.-Z.: 16825/69.

*Sektion G. Physik*

*Klasse G 01. Messen: Prüfen*

*G 01n. Untersuchungen der chemischen und/oder physikalischen Eigenschaften von Stoffen*

DDP 81733. Scheuerprüfgerät. Erf. u. Inh.: *Karlheinz Geitel.* A. 8. 5. 70, B. 5. 5. 71. Kl.: 42k, 50, Int. Kl.: G 01n. A.-Z.: WP 42k/147387.

DDP 81734. Verfahren zur künstlichen Bestrahlung von Synthesefaserstoffen. Erf. u. Inh.: *Siegfried Kaufmann.* A. 27. 5. 70, B. 5. 5. 71. Kl.: 42k, 50, Int. Kl.: G 01n. A.-Z.: WP 42k/147761.

SUP 314114. (Urheberschein). Verfahren zur Bestimmung des Quellvermögens von Polymeren. Erf.: *P. S. Gabrusenok* u. *A. N. Rybin.* A. 26. 9. 69, B. 7. 9. 71. Int. Kl.: G 01n 9/02. A.-Z.: 1367079/26-25.

USP 3581552. Verfahren zum Prüfen der Brennbarkeit von Faserstoffen. Erf.: *Eugene L. Ringwald, Mitchell T. Burden* u. *Henry L. King.* Inh.: Monsanto Co., St. Louis, Mo. A. 29. 10. 68, B. 1. 6. 71. Kl.: 73-15, Int. Kl.: G 01n 25/00. 9 Anspr. A.-Z.: 771406.

# Literaturschau

*Auszug aus Lieferung 7 und 8/1972 der Literaturschau „Faserstoffe und Textiltechnik“, zusammengestellt von der Abteilung Information und Dokumentation des Instituts für Polymerenchemie der DAW, 153 Teltow-Seehof, Kantstr. 55*

## I. Wissenschaftliche Grundlagen

### Physik und Chemie der Hochpolymeren

Neue Polymere mit glänzender Zukunft. Chem. engng. News **49** (1971) 40, S. 17.

*Kohman, Z., Raszczuk, A.:* Praktische Bedeutung der rheologischen Untersuchungen von Polymeren und rheologischen Meßmethoden für Polymere. Meßapparatur des rheologischen Laboratoriums des Warschauer Instituts für technische Chemie. Polimery, Warszawa **16** (1971) 11, S. 518 bis 522.

*Neverov, A. P., Pakšver, E. A.:* Untersuchung rheologischer Eigenschaften von Polyacrylnitril-Gelfäden mittels Recken. 1. Mitt.: Untersuchungsmethodik. Faserforsch. u. Textiltechnik **23** (1972) 2, S. 75–79.

*Fülöp, I., Geleji, F., Kóczy, L.:* Über den Einfluß einzelner Fertigungsparameter von Polypropylen-Filamenten auf ihre rheologischen Eigenschaften. I. Teil. Magyar Textiltechn. **23** (1971) 12, S. 617–632.

*Buchgalter, V. I., Meščerova, F. F.:* Einfluß der Verteilung der relativen Molekülmassen auf die rheologischen Kriterien und die Verarbeitbarkeit von Polyäthylen hoher Dichte. Plast. Massy, Moskva (Plast. Massen) (1972) 2, S. 38–39.

*Ogihara, S., Yamazaki, Y., Takaki, T., Tabata, K., Sasaki, H.:* Konstruktion eines konzentrischen Zylinderrheometers für hohen Druck. Kobunshi Kagaku, Tokyo (Chem. High Polymers) **28** (1971) 319 (11), S. 825–829. (jap.; engl. Zusammenfass.),

*Sharples, A.:* Einführung in die umgekehrte Osmose. Chemie-Ing.-Technik **43** (1971) 23, S. 1253–1257.

*Stepto, R. F. T., Waywell, D. R.:* Die Entwicklung einer kryoskopischen Apparatur. Makromol. Chemie **152** (1972) S. 247–261. (engl.).

*Kaufmann, S.:* Veränderung der Doppelbrechung und der Reißdehnung bei der Kaltreckung von Polyamid-6-Seide. Chem. Vlákna, Svit (Chem. Fasern) **21** (1971) 5/6, S. 202–211.

*Smirnov, L. V., Gračev, V. I.:* Spektroskopische Untersuchung des thermischen Abbaus von Polyvinylchlorid. Vysokomol. Soed. (Hochmol. Verbind.) Serie A **14** (1972) 2. S. 335–342.

*Roščupkin, V. P., Andreev, N. S., Gončarov, T. K.:* Untersuchung der Zusammenhänge zwischen der Bildungs- und der Kristallisationskinetik von Polyoxymethylen mit Hilfe der IR-Spektroskopie. Vysokomol. Soed. (Hochmol. Verbind.) Serie A **14** (1972) 2, S. 477–484.

*Holoubek, J.:* Kleinwinkel-Lichtstreuung an einem anisotropen Zylinder. J. Polymer Sci., A-2: Polymer Physics **9** (1971) 11, S. 2105–2108.

*Killmann, E., Bittler, R.:* Lichtstreuungsmessungen am Polyelektrolytsystem Polyvinylpyrrolidon-Blankophor. Angew. makromol. Chemie, Basel **21** (1972) S. 113–129.

*Bagirov, M. A., Džalilov, A. Ja., Gazarjan, Ju. N., Malin, V. P.:* Einfluß der Orientierung von Polymerketten auf die „Lebensdauer“ von Polyäthylenfolien. Vysokomol. Soed. (Hochmol. Verbind.) Serie B: Kratkie Soobšč. (Kurzmitt.) **14** (1972) 2, S. 86–88.

*Štennikova, I. N., Djakina, T. V., Getmančuk, Ji. P.:* Zur Frage der Stabilität der Struktur und Konformation von Polybutylisocyanatmolekülen in Mischlösungsmitteln. Vysokomol. Soed. (Hochmol. Verbind.) Serie B: Kratkie Soobšč. (Kurzmitt.) **14** (1972) 2, S. 99–102.

*Thies, C.:* Einfluß des Adsorptionsmittels auf die Struktur von Polymethylmethacrylat im Adsorptionszustand. J. Polymer Sci., C: Polymer Symposia (1971) 34, S. 201–210.

*Gul', V. E., Penskaja, E. A.t Zanemonec, N. A., Zanina, T. A.:* Einfluß der gegenseitigen Verträglichkeit von Polymeren auf die Stabilität struktureller und Gebrauchseigenschaften eines binären polymeren Systems. Vysokomol. Soed. (Hochmol. Verbind.) Serie A **14** (1972) 2. S. 291 bis 298.

*Milagin, M. F., Šiškin, N. I.:* Über die Veränderung der Dichte von amorphem Polymethylmethacrylat während des Orientierungsreckens. Vysokomol. Soed. (Hochmol. Verbind.) Serie A **14** (1972) 2, S. 357–362.

*Keller, A., Martuscelli, E., Priest, D. J., Udagawa, Y.:* Durch selektiven Abbau bestimmte Faltungsoberfläche von Polyäthyleneinkristallen. III. Anwendung des verbesserten Verfahrens auf Einkristalle. J. Polymer Sci. A-2: Polymer Physics **9** (1971) 10, S. 1807–1837.

*Mitterpach, I., Diačik, I., Jambrich, M.:* Beitrag zum Studium der Strukturveränderungen synthetischer Fasern bei Deformationen in der Faserlängsrichtung. III. Polyesterfasern (PE-Fasern). Faserforsch. u. Textiltechnik **23** (1972) 3, S. 115–118.

*Pikler, A., Károlyová, M., Lukáč, A.:* Eine Untersuchung der Strukturänderungen von Poly-ε-Caprolactamfasern durch physikalische und chemische Einflüsse. Chem. Vlákna, Svit (Chem. Fasern) **21** (1971) 5/6, S. 192–196.

*Papkov, S. P.:* Untersuchung der Beziehungen zwischen Struktur und Eigenschaften von Cellulose-Fasern. Chem. Vlákna, Svit (Chem. Fasern) **21** (1971) 5/6, S. 160–164.

*Hobbs, S. Y., Mankin, G. I.:* Über die Bestimmung der Kristallinität von Polymeren aus thermischen Messungen. J. Polymer Sci., A-2: Polymer Physics **9** (1971) 10, S. 1907–1910.

*Kanamoto, T., Tanaka, K., Nagai, K.:* Wachstum und Morphologie von Einkristallen von linearen aliphatischen Polyestern. J. Polymer Sci., A-2: Polymer Physics **9** (1971) 11, S. 2043–2060.

*Schneider, B., Štokr, J., Dirlikov, S., Mihailov, M.:* Konformation und Schwingungsspektren von Polymethylmethacrylat und dessen Modellen. Macromolecules. Washington **4** (1971) 6, S. 715–718.

*Zeleneckij, A. N., Ljubčenko. L. S., Kušnerev, M. Ja, Berlin, A. A.:* Physikochemische Untersuchungen und Struktur von Polyindigo. Z. strukt. Chimii (Z. Strukturchemie) **13** (1972) 1, S. 50–56.

*Corradini, P., Petraccone, V., Allegra, G.:* Kettenfaltung vei Polyäthylenkristallen. Der kooperative Effekt von Bindungswinkeldeformation und Rotationsbeanspruchung. Macromolecules. Washington **4** (1971) 6, S. 770 bis 771.

*Petraccone, V., Pirozzi, B., Corradini, P.:* Die Kristallstruktur von isotaktischem Polyallylcyclopentan. European Polymer J. **8** (1972) 1, S. 107 bis 115.

*Kosobukin, V. A.:* Halbwertbreite der Skelettschwingungsbanden der freien und gereckten Polyäthylenkette. Mech. Polimerov, Riga (Mech. der Polymeren) (1972) 1, S. 3–11.

*Sergeev, V. I., Kovriga, V. V., Deev, Ju. S., Serenkov, V. I.:* Untersuchung der Besonderheiten der Spannungsrelaxation im bestrahlten Polytetrafluoräthylen. Mech. Polimerov, Riga (Mech. der Polymeren) (1972) 1, S. 148–150.

*Pedersen, H. L.:* Das Kriechen von weichgemachtem Polyvinylchlorid. J. Polymer Sci., C: Polymer Symposia (1971) 33, S. 101–111.

*Dvoreckaja, N. M., Dimitrov, R. I., Michajlenko, O. N., Gul', V. E.:* Untersuchung des Zerstörungsvorganges von Einzel- und von kombinierten Folienmaterialien. Vysokomol. Soed. (Hochmol. Verbind.) Serie A **14** (1972) 2, S. 299–303.

*Stinskas, A. V., Baušis, Ja. P., Barejšis, I. P.:* Einfluß der thermischen Behandlung auf die statische Festigkeit und die Ermüdungsbeständigkeit von Polycaproamid. Mech. Polimerov, Riga (Mech. der Polymeren) (1972) 1, S. 59–62.

*Quach, A., Simha, Robert:* Statistische Thermodynamik des Glasübergangs und des Glaszustandes von Polymeren. J. physic. Chem. **76** (1972) 3, S. 416–421.

*Wilski, H.:* Die spezifische Wärme des Polyoxymethylens. Kolloid-Z. u. Z. Polymere **248** (1971) 1/2, S. 867–870.

*Koršak, V. V., Cejtlin, G. M., Kulagin, V. N., Pavlov, A. I.:* Thermische Beständigkeit von Polymeren mit Benzheteroringen in der Hauptkette. Plast. Massy, Moskva (Plast. Massen) (1972) 2, S. 40–42.

*Yin, T. P., Wu, Souheng:* Kompressionsmechanik von monomolekularen Polymerschichten. J. Polymer Sci., C: Polymer Symposia (1971) 34, S. 265–271.

*Pietrzak, M., Kroh, J.:* Differentialthermoanalyse von gammabestrahlten linearen Polyestern der Terephthalsäure. European Polymer J. **8** (1972) 2, S. 237–242.

*Osaki, Sh., Uemura, Sh., Ishida, Y.:* Einfluß eines elektrostatischen Feldes auf die dielektrischen Eigenschaften von Poly-ε-caprolactam J. Polymer Sci., A-2: Polymer Physics **9** (1971) 11, S. 2099–2103.

*Wuckel, L., Koch, W.:* Über die Beurteilung der Strahlenbeständigkeit hochpolymerer Werkstoffe an Hand von Langzeitbestrahlungen. Isotopenpraxis **8** (1972) 1, S. 1–9.

*Wuckel, L.:* Strahlenchemische Modifizierung von Hochpolymeren. Plaste u. Kautschuk **19** (1972) 3, S. 200–205.

*Ghanem, N. A., El-Azmirly, M. A.:* Einwirkung von Gammastrahlung auf Polymere. III. Pfropfen von Styrol auf Polyäthylentetrachlor-o-phthalat in Gegenwart von organischen Lösungsmitteln. European Polymer J. **8** (1972) 1, S. 195–205. (engl.).

*Roberts, G. P., Budzol, M., Dole, M.:* Strahlungschemie von Polypropylenoxid. J. Polymer Sci., A-2; Polymer Physics **9** (1971) 10, S. 1729 bis 1745.

*Alekseeva, K. V.:* Anwendung der Pyrolyse-Gaschromatographie bei der Analyse von Copolymeren und für die Bestimmung der Mikrostruktur von Polymerstoffen. Z. anal. Chimii (Z. analyt. Chemie) **27** (1972) 2, S. 386 bis 394.

*Pantaeva, V. M., Poljakova, T. A., Kvaša, N. M., Simakina, N. V., Sokolova, S. P.:* Gaschromatographische Bestimmung von Isophthalat-Kettengliedern in Polyäthylenterephthalat-Copolymeren Chim. Volokna (Chem. Fasern) (1972) 1, S. 20.

*Rudakova, T. E., Moiseev, Ju. V., Čalych, A. E., Zaikov, G. E.:* Hydrolysekinetik und -mechanismus von Polyäthylenterephthalat in wäßrigen Kaliumhydroxidlösungen. Vysokomol Soed. (Hochmol. Verbind.) Serie A **14** (1972) 2, S. 449–453.

*Saito, S., Taniguchi, T.:* Wechselwirkung von Polyacrylsäure mit nichtionischen oberflächenaktiven Substanzen. Kolloid-Z. u. Z. Polymere **248** (1971) 1/2, S. 1039–1040. (engl.).

*Glass, J. E.:* Adsorptionskennwerte von wasserlöslichen Polymeren an Grenzflächen von Wasser und organischen Flüssigkeiten. J. Polymer Sci., C: Polymer Symposia (1971) 34, S. 141–157.

*Braun, D., Hepp, D.:* Untersuchungen über die Stabilisierung von Polyvinylchlorid durch Metallseifen. J. Polymer Sci., C: Polymer Symposia (1971) 33, S. 307–313.

*Zikmund, L., Taimr, L., Čoupek, J., Pospíšil, J.:* Antioxydantien und Stabilisatoren. XXXI. Ein Beitrag zur Kenntnis der antioxydativen Eigenschaften und Umwandlungen von 2,2'-Methylen-bis-(4-methyl-6-tert.-butylphenol). European Polymer J. **8** (1972) 1, S. 83–90.

*Stehling, F., C., Ergos, E., Mandelkern, L.:* Phasentrennung bei n-Hexatriacontan/n-Hexatriacontan-$d_{74}$ und Polyäthylen/Polyäthylen-$d_4$-Systemen Macromolecules, Washington **4** (1971) 6, S. 672–677.

*Hedvig, P.:* Untersuchung des Abbaues von Polyvinylchloridverbindungen durch dielektrische Spektroskopie. J. Polymer Sci., C: Polymer Symposia (1971) 33, S. 315–323.

*Mayer, Z., Obereigner, B., Lim, D.:* Thermische Dehydrochlorierung von Polyvinylchloridmodellen in flüssiger Phase. J. Polymer Sci., C: Polymer Symposia (1971) 33, S. 289–305.

*Philipp, B., Reinisch, G., Rafler, G.:* Chemische Modifizierung von Polymeren. Plaste u. Kautschuk **19** (1972) 3, S. 190–199.

*Potnis, S. R., Khanolkar, A. G.*: Borsäureester als sekundäre Weichmacher für Polyvinylchlorid. J. Polymer Sci., C: Polymer Symposia (1971) 33, S. 161–169.

*Theil, I., Calugaru, E., Feldman, D.*: Zur Fraktionierung von Polykondensaten. Faserforsch. u. Textiltechnik **23** (1972) 3, 123–127.

**Physik und Chemie der Monomeren und Oligomeren**

*Šmagina, N. N., Elin, I. O., Soprunova, Ž. K., Guljaeva, G. A., Botvinnik, E. S., Akutin, M. S.*: Ein neues Monomeres: 3,3'-Dimethoxy-4,4'-diamindiphenylmethan. Plast. Massy, Moskva (Plast. Massen) (1972) 2, S. 26 bis 27.

*Strepicheev, Ju. A., Novikova, P. O., Čimiškjan, A. L.*: Einige physikalische und physikochemische Konstanten von 2,4-Toluylendiisocyanat und 5-Chlor-2,4-toluylendiisocyanat. Chim. Prom. (Chem. Ind.) (1972) 3, S. 70 (230)–71(231).

*Rosen, H., Levy, M.*: Hydrodimerisierung in flüssigem Ammoniak. J. Polymer Sci., A-1: Polymer Chem. **9** (1972) 10, S. 2997–3008.

*LeGrand, D. G., Gaines, G. L., jr.*: Oberflächenspannung von Mischungen von Oligomeren. J. Polymer Sci., C: Polymer Symposia (1971) 34, S. 45 bis 51.

*Franke, W. K. R., Ahne, H.*: Vernetzungs- und Oligomerisierungsreaktionen mit dem Bisketen 1,4-Bis(carbonylen)-cyclohexan. Angew. makromol. Chemie, Basel **21** (1972) S. 195–205.

**Polymerisation**

*Rätzsch, M.*: Zur Komplexbildung bei der radikalisch initiierten Polymerisation und Mischpolymerisation. Plaste u. Kautschuk **19** (1972) 3, S. 169 bis 176.

*Ulbricht, J.*: Der gegenwärtige Kenntnisstand des Mechanismus der Ziegler-Natta-Polymerisation. Plaste u. Kautschuk **19** (1972) 3, S. 162 bis 168.

*Devi, N. Ganga, Mahadevan, V.*: Redoxpolymerisation. Kinetik der durch das System Malonsäure /Mn(III) initiierten Reaktion. Makromol. Chemie **152** (1972) S. 177–184. (engl.).

*Gehrke, K.*: Möglichkeiten der arionischen Polymerisation. Plaste u. Kautschuk **19** (1972) 3, S. 184–189.

*Wollwage, Paul C., Seib, Paul A.*: Säurekatalysierte Polymerisation von 1,6-Anhydro-β-D-glucopyranose. J. Polymer Sci., A-1: Polymer Chem. **9** (1971) 10, S. 2877–2892.

*Carraher, C. E., jr.*: Synthese von Zirkonium-Polyestern. European. Polymer J. **8** (1972) 2, S. 215–220.

*Wielgosz, Z., Porejko, St.*: Synthese und Eigenschaften von Polycarbonaten auf der Basis chlorhaltiger Bisphenole. II. Synthese von Polycarbonaten Polimery, Warszawa **16** (1971) 11, S. 495–500.

*Stepto, R. F. T., Waywell, D. R.*: Eine Untersuchung der innermolekularen Reaktion während der Bildung von linearen Polyurethanen. Makromol. Chemie **152** (1972) S. 263–275. (engl.).

*Chodkowski, E., Mackowiak, J., Kozlowski, W., Orzechowska, H.*: Über die Lösungspolykondensation von Terephthalylchlorid mit m- bzw. p-Phenylendiamin in Gegenwart von LiCl, LiBr oder $CaCl_2$. Polimery, Warzsawa **16** (1971) 11, S. 514–515.

*Schumann, H.-D.*: Beiträge zur Schmelzepolykondensation von Polyäthylenterephthalat im offenen System. IV. Zur zeitlichen Verfolgung der Polykondensation durch IR-Spektroskopie. Faserforsch. u. Textiltechnik **23** (1972) 2, S. 80–85.

*Malegina, N. D., Gordina, G. A., Kotov, B. V., Voiščev, V. S., Pravednikov, A. N.*: Polypyromellithimide auf der Basis von 4,4'-Diaminodiphenylamin und seiner Derivaten. Vysokomol. Soed. (Hochmol. Verbind.) Serie B: Kratkie Soobšč. (Kurzmitt.) **14** (1972) 2, S. 143–147.

*Šeremeteva, T. V., Gusinskaja, V. A., Batrakova, T. V.*: Herstellung von Mischpolyamiden. Izv. Akad. Nauk SSSR, Serija chim. (Nachr. Akad. Wiss. UdSSR, Chemie) (1972) 3, S. 530–532.

*Boor, J., jr.*: Ziegler-Polymerisation von Olefinen. X. Übergangsmetallsalze mit vier oder mehr d-Elektronen. J. Polymer Sci., A-1: Polymer Chem. **9** (1972) 10, S. 3075–3081.

*Carraher, Ch. E., jr., Scherubel, G. A.*: Herstellung von metallorganischen Polymeren durch Grenzflächenverfahren. XXII. Synthese von Polyalkylen(arylen)-oxystannanen nach einem neuen modifizierten Verfahren. Makromol. Chemie **152** (1972) S. 61–66.

*Guyot, A., Mordini, J.*: Radikalische und anionische Polymerisation von Vinylchlorid mit tert.-Butylmagnesiumchlorid. J. Polymer Sci., C: Polymer Symposia (1971) 33, S. 65–73.

*Tardi, M., Sigwalt, P.*: Spektrophotometrische Untersuchung der Initiierungsreaktion der anionischen Polymerisation von 2-Vinylpyridin. European Polymer J. **8** (1972) 1, S. 137–149. (franz.).

*Allen, P. E. M., Chaplin, R. P., Jordan, D. O.*: Anionische Polymerisation von Methylmethacrylat. II. Einfluß des Initiierungsverfahrens auf die Kinetik der nachfolgenden Polymerisation in Tetrahydrofuran/Toluol-Lösung bei Initiierung durch das Dinatriumsalz des tetrameren α-Methylstyrols. European Polymer J. **8** (1972) 2, S. 271–287.

*Narita, H., Sakamoto, Y., Machida, S.*: Polymerissation von Methylmethacrylat in Gegenwart von Eisen(III)-nitrat Makromol. Chemie **152** (1972) S. 143–151. (engl.).

*Lebedev, V. T., Suminov, S. I., Širjaeva, G. V., Karpov, V. L., Novikov, V. Ja.*: Einfluß des Zusetzens phosphororganischer Verbindungen auf die Polymerisation von Methylmethacrylat in Holz. Vysokomol. Soed. (Hochmol. Verbind.) Serie A 14 (1972) 2, S. 422–426.

*Albeck, M., Relis, J.*: Elektrochemisch ausgelöste Polymerisation von Vinylmonomeren in polaren Systemen. III. Polymerisation von Acrylaten und Methacrylaten in Alkohollösungen. J. Polymer Sci., A-1: Polymer Chem. **9** (1971) 10, 2963–2975.

*Katayama, Sh., Horikawa, H., Toshima, O.*: Radikalische Copolymerisation von β-Propiolacton mit Acrylnitril und mit Styrol. J. Polymer Sci., A-1: Polymer Chem. **9** (1971) 10, S. 2915–2932.

*Hoke, D. I.*: Darstellung und Polymerisation von N-(1,1-Dimethyl-3-hydroxybutyl)acrylamid und N-(1,1-Dimethyl-3-hydroxybutylmethacrylamid. J. Polymer Sci., A-1: Polymer Chem. **9** (1971) 10, S. 2949–2955.

*Rudin, A., Yule, R. G.*: Temperatureinfluß auf die Copolymerisation von Styrol und Methacrylnitril. J. Polymer Sci., A-1: Polymer Chem. **9** (1971) 10, S. 3009–3025.

*Chalk, A. J., Hoogeboom, T. J.*: Darstellung und Reaktionen von lithiiertem Poly-2,6-diphenyl-1,4-phenyläther. J. Polymer Sci., A-1: Polymer Chem. **9** (1971) 10, S. 3067–3069.

**Sonderfragen**

*Tomin, V. I., Rubinov, A. N.*: Bathochrome Lumineszenz organischer Farbstoffe in alkoholischen Lösungen und Polymermatrizen. Optika i Spektroskopija, Moskva **32** (1972) 2, S. 424–427.

*Livšic, V. S.*: Physikalisch-chemische Grundlagen des biologischen Abbaus von synthetischen Polymeren und der Resorption von Implantaten aus Polymerstoffen. Vysokomol. Soed. (Hochmol. Verbind.) Serie **A 14** (1972) 2, S. 394–402.

## II. Faserstoffe. Ausgangsstoffe usw.

*Bruggeman, J. P.*: Die Mischung Flachs/Polyester im Verhältnis 50/50. Bull. Inst. Textiles France **25** (1971) 157, S. 875–896.

**Naturfaserstoffe**

*Pflanzliche Faserstoffe*

*Suchomelová*: Probleme des Flachses in der Welt und in der ČSSR. Inform. Přehled. Výzkumný Ust. Lýkových Vláken, Sumperk (Inform.-Übers. Bastfaserforsch.-Inst.) (1971) 1, S. 1–17. (dt., franz., engl., russ. Zusammenfass.).

*Richter, J.*: Anwendungsmöglichkeiten der Wirkerei- und Strickereitechnologie in der Leinenindustrie. Inform. Přehled. Výzkumný Ust. Lýkových Vláken, Sumperk (Inform.-Übers. Bastfaserforsch.-Inst.) (1971) 2/3, S. 35–47; 4, S. 44–59 (dt., franz., engl., russ. Zusammenfass.).

*Tierische Faserstoffe*

Wollforschung – Fortschrittsbericht. Internat. Dyer, Textile Printer, Bleacher, Finisher **147** (1972) 1, S. 48, 51.

*Asquith, R. S.*: Zusammenhänge zwischen dem Karbonisieren und der thermischen Behandlung von Wolle und der Entstehung von Vernetzungen. Galaxia, Buenos Aires (1971) 41, S. 7–8, 11–18.

*Delsol, G., Montant, Ch., Sergent, Cl.*: Untersuchung über einige enzymatische Möglichkeit bei Abwasser der Schwitzwollcherstellung. Bull. sci. Inst. Textile France **1** (1972) 1, S. 85–95.

*Lynch, L. J., Watt, I. C., Marsden, K. H.*: Eine Untersuchung der Wasseraufnahme von modifizierter Wolle durch magnetische Kernresonanz. Kolloid-Z. u. Z. Polymere **248** (1971) 1/2, S. 922–928. (engl.).

*Druhala, M., Feughelman, M.*: Mechanische Eigenschaften von Keratinfaserstoff zwischen –196 und +20°C. Kolloid-Z. u. Z. Polymere **248** (1971) 1/2, S. 1032–1033. (engl.).

**Chemiefaserstoffe**

*Lewandowski, S.*: Chemiefasern in der Welt. Technik włókienn. (Textiltechn.) **20** (1971) 9, S. 288.

*Philipp, B., Schmiedeknecht, H. H.*: Entwicklungslinien der Chemiefaserstoff-Forschung. Wiss. u. Fortschr. **22** (1972) 3, S. 133–138.

Spulen und Hülsen in der Textil- und Chemiefaserindustrie. Internat. Textil-Bull., Zürich. Weltausgabe: Weberei (1971) 4, S. 287–288; 293–294; 299.

*Hüter, J.*: Verfilzbare Chemiefasern. Chemiefasern **21** (1971) 12, S. 1060.

*Cellulose und Zellstoff*

*Prey, W., Schadenböck, W.*: Vergleichende Analyse von Hölzern im Hinblick auf ihr späteres Verhalten im Zellstoffkocher. 2. Mitteilung: Hydrolyse und Auflösung des Holzes mittels Schwefelsäure und Cuoxam. Papier **26** (1972) 2, S. 63–71.

*Nedelčeva, M., Draganova, R.* (Schreibw. i. Orig.: *Nedeltschewa, M., Draganowa, R.*): Einfluß der Carbonylgruppen auf den Delignifizierungsprozeß durch $Ca(HSO_3)_2$-Lösung in Gegenwart von $SO_2$. Papier **26** (1972) 2, S. 72–75.

*Springer, E. L., Zoch, L. L., jr.*: Delignifizierung von Espenholz mit wäßriger Xylolsulfonsäure bei 100°C. Tappi, New York **54** (1971) 12, S. 2059–2060.

*Lekander, K.-E.*: Umweltschutz in Zellstoffbetrieben, Ergebnisse und Erwartungen. Svensk Papperstidn. **75** (1972) 1, S. 5–14 (engl.).

*Koura, A., Schleicher, H., Philipp, B.*: Untersuchung zur Quellung und Lösung von Cellulose in aminhaltigen Flüssigkeitsgemischen. 2. Mitt. Untersuchungen zur Löslichkeit von Cellulose in Dimethylsulfoxid/Amin-Gemischen. Faserforsch. u. Textiltechnik **23** (1972) 3, S. 128–133.

*Regeneratfaserstoffe*

*Rogovin, A. A., Divovič, S. I., Sachnovskaja, M. G., Lapkina, Z. S.*: Farbmetrische Beurteilungsmethode der Ungleichheit der Färbung von spinngefärbten Viskosefäden. Chim. Volokna (Chem. Fasern) (1972) 1, S. 44–46.

*Kaller, A. L., Poljakova, G. V., Moložavaja, A. V., Eremenko, S. I., Ekimov, V. K., Strižak, A. I.*: Untersuchung der Ultraschall-Fortpflanzungsgeschwindigkeit in Viskose. Chim. Volokna (Chem. Fasern) (1972) 1, S. 26–29.

*Kozler, M., Džubas, F.*: Hochkonzentrierte Lösungen von Cellulose-Xanthat. Chem. Vlákna, Svit (Chem. Fasern) **21** (1971) 5/6, S. 178–183.

*Chalmirzaeva, R., Ajchodzaev, B. I., Berenštejn, E. I.*: Über die Einwirkung von Photostabilisatoren auf die Zusammensetzung der Hauptfraktionen von Cellulosetriacetat und Celluloseacetomethacrylat bei UV-Bestrahlung. Chim. Volokna (Chem. Fasern) (1972) 1, S. 39–41.

*Vasil'ev, M. P., Vol'f, L. A., Koteckij, V. V., Puchova, Z. I., Meos, A. I.*: Untersuchung des Spinnvorganges von Kollagenfäden. Chim. Volokna (Chem. Fasern) (1972) 1, S. 34–36.

*Synthetische Faserstoffe*

*Kudrjavcev, G. I.*: Gesetzmäßigkeiten der Reaktionen in Polymerketten und chemische Modifizierung von Faserstoffen. Chim. Volokna (Chem. Fasern) (1972) 1, S. 4–14.

*Strelov, A.*: Die Entwicklung neuer Typen synthetischer Fasern. Chem. Vlákna, Svit (Chem. Fasern) **21** (1971) 5/6, S. 143–159.

*Králiková, O.*: Polyester-Schrumpffäden Trevira 550 und Velana S in Geweben für Bekleidungszwecke. Textil, Praha **27** (1972) 1, S. 5–6.
*Schwertassek, K., Dvořak, J.*: Über den Nachweis eines enzymatischen Abbaus an Polyesterfasern im lebenden Organismus. Faserforsch. u. Textiltechnik **23** (1972) 2, S. 66–69.
*Stadnikov, V. M., Dobrochotova, R. P., Kurilenko, Z. N., Gitčenko, D. F., Popova, I. N., Fedorčenko, R. F., Pirogov, A. V., Gusakov, M. Ja.*: Einfluß der Spinngeschwindigkeit auf die Eigenschaften von Polycaproamidfaserstoff. Chim. Volokna (Chem. Fasern) (1972) 1, S. 18–19.
*Mikovič, J.*: Thermische Analyse zur Untersuchung der Verträglichkeit von Stabilisatoren mit Polypropylen. Chem. Vlákna, Svit (Chem. Fasern) **21** (1971) 5/6, S. 224–229.
*Beck, T.*: Über neue Verfahren zur Foliefadenerzeugung. Techn. Textilien **14** (1971) 6, S. 169–173.

*Künstliche mineralische Faserstoffe*

Qualität und Kontrolle des Metallfadens. Japan Textile News (1971) 202, S. 85–88.
*Firnhaber, R. B.*: Metallische hochfeste „Barthaare". VDI-Nachr. **26** (1972) 8, S. 1.
*Fitzer, E., Müller, D. J.*: Reaktionstechnische Betrachtung der kontinuierlichen Herstellung von Kohlenstoff-Fasern aus Polyacrylnitril. Chem. Ztg. **96** (1972) 1/2, S. 20–26.

## III. Fäden-Herstellungstechnologien

### Spinnerei. Zwirnerei

*Targaszewski, J.*: Wirtschaftlicher Nutzeffekt durch die Anwendung des spindellosen Spinnens in der polnischen Baumwollindustrie. Technik włókienn. (Textiltechn.) **20** (1971) 10, S. 299–304.
*Horbach, W.*: Streichgarnspinnerei. Textil-Praxis internat. **27** (1972) 1, S. 20–21.
*Maitre, K. G.*: Die moderne Methode des Streck-Reißens. Mod. Textiles Mag. **52** (1971) 10, S. 26–28.
*Bok, C.*: Anwendung des drehungslosen Spinnens bei der Verarbeitung von Flachs. Ind. textile, Paris (1971) 1006, S. 717–720.

*Spinnereivorbereitung*

*McCracken, J. R., Samson, A., Chaikin, M.*: Die systematische Optimierung der wäßrigen Wollwäsche mit Kompressionsdüsen. Teil I. Verfahren der Vor-Optimierung. Teil II. Waschversuche für optimale Produktionskapazität. Teil III. Versuche für optimale Qualität der gewaschenen Wolle. Teil IV. Die optimalen Bedingungen für die Flüssigkeitsrückgewinnung und die Einstellung des Gleichgewichtes. J. Textile Inst. **63** (1972) 1, S. 1–23; 24–33; 34–50; 51–63.

*Spinnerei*

*Červendinev, A., Petkova, St., Starejšinskaja, N.*: Bestimmung des Moments des Drehungswiderstandes von Fäden beim Elementenspinnen. Tekstil. Prom., Sofija (Textil-Ind.) **21** (1972) 1, S. 24–27.
*Audivert, R., de Castellar, M. D.*: Praktische Gesichtspunkte der Streckspannung von Baumwolle auf der Ringspinnmaschine. Textile Res. J. **41** (1971) 9, S. 720–725.
*Horbach, W.*: Maschinen für die Kammgarn- und Streichgarnspinnerei (Schluß). 1. Kammgarnspinnerei. Tex, Doetinchem/Nd. **30** (1971) 12, S. 16–20.

*Zwirnerei*

*Skoraczyński, Z.*: Prüfung der Spindel der Einprozeßzwirnmaschine für Cord PS 11. Przegl. włókienn. (Textil-Rdsch.) **25** (1971) 12, S. 657–659; 677.

### Texturfäden

*Lünenschloß, J.*: Die modernen Texturiermaschinen. Ind. textile, Paris (1971) 1007, S. 789–798.
*Damjanov, G., Pešev, Ch., Marinov, C., Vasilev, R., Borisov, B.*: Einfluß einiger Parameter beim Texturieren von Fäden mit Hilfe von Zahnrädern. Tekstil. Prom., Sofija (Textil-Ind.) **21** (1972) 1, S. 28–31.
*Naumann, J.*: Die Verknüpfung der Chemiefasererzeugung und der Texturierung; Erfahrungen auf dem Gebiete der Maschenwarenverarbeitung. Magyar Textiltechn. **23** (1971) 12, S. 641–644.
*Scherler, A.*: Neue Entwicklungsergebnisse auf dem Gebiet der Herstellung, Eigenschaften, Verarbeitung und Einsatzgebiete von Dederon-Dedotex. Dt. Textiltechnik **22** (1972) 2, S. 91–94.
Mechanische Texturierung chemischer Fasern mittels Stauchkastenverfahrens. Textil, Praha **27** (1972) 1, S. 2–4.

### Sonstige Fäden

*Heuberger, O., I., S. M., Field, F.*: Die Technologie der Garne aus umsponnenen Fasern. Textile Res. J. **41** (1971) 9, S. 768–773.
*Bobkowicz, E., Bobkowicz, A. J.*: Die Technologie der Bobtex-Garne, ihre Zukunft und Anwendungen. Textile Res. J. **41** (1971) 9, S. 773–778.

## IV. Flächengebilde-Herstellungstechnologien

Flächenbildung in der Zukunft. Bekleid. u. Maschenware **11** (1972) 1, S. 4–5.
*Kullrich, H.*: Aktuelle Probleme an der Nahtlinie Weberei-Maschenwarenfertigung – Webmuster – Strickmuster. Folgerungen nach der ITMA 71 Paris. Melliand Textilber. internat. **53** (1972) 2, S. 176–181.
*Fritsche, H.*: Gewirkte Autopolsterstoffe. Melliand Textilber. internat. **53** (1972) 3, S. 289–291.

### Materialvorbereitung

*Lünenschloß, J., Artuzn, H., Helli, J. G., Schuler, B.*: Die Beeinflussung des Reibungskoeffizienten durch Variation der Spulbedingungen und des Paraffinauftrages sowie die Zusammenhänge zwischen Reibungskoeffizienten und Verarbeitungsverhalten in der Maschenwarenherstellung. Textilindustrie, Mönchengladbach **73** (1971) 12, S. 827–832; **74** (1972) 1, S. 36–39.
*Hornung, J., Ivitz, R., Schmalz, J.*: Betriebsprüfung elektronischer Fadenreiniger. Magyar Textiltechn. **23** (1971) 11, S. 550–554.
*Beck, H., Bauer, H.*: Herstellung von Webketten aus glatten und texturierten Polyester-Endlosgarnen. Chemiefasern **22** (1972) 2, S. 121–126.

### Weberei

*Vodă, V. Gh., Iliescu, D. V., Comănici, S., Cojocaru, L.*: Anwendung statistisch-mathematischer Methoden bei der Auswertung der Ergebnisse von zwei verschiedenen Analysenmethoden bei der Kontrolle von Cordnetz. II. Materiale plast., București **9** (1972) 1, S. 13–17.
*Mielke, H.*: Chemiefasern für Gardinen, Inbetweens, Dekorations- und Möbelstoffe. Chemiefasern **22** (1972) 2, S. 101–103.
Dreidimensionale Gewebe mit Hilfe von Dreherbindungen. Ind. textile, Paris (1971) 1007, S. 832.
Produktionskontrolle in der Weberei durch Computer. Textile Month (1971) 12, S. 43–44.

*Weberei-Technologie*

*Swiech, F.*: Die Eignung der Greiferwebmaschinen STB für die Baumwollindustrie. Technik włókienn. (Textiltechn.) **20** (1971) 10, S. 304–310.
*Snowden, D. C.*: Einige Aspekte der Musterung von Webstrukturen. Magyar Textiltechn. **23** (1971) 11, S. 566–571.

*Erzeugnisse der Weberei*

*Schellenberg, E.*: Herstellung von Drehergeweben. Melliand Textilber. internat. **53** (1972) 3, S. 271–273.
*Ruta, D., Gebbiani, A.*: Die Polynosic-Faser in Heimtextilien. Chemiefasern **22** (1972) 2, S. 106–108.
*Golacki, St., Dobrowolski, W.*: Die Effektivität der Chemisierung in der Industrie für technische Gewebe. Przegl. włókienn. (Textil-Rdsch.) **25** (1971) 12, S. 634–636.

### Wirkerei und Strickerei. Konfektion. Sonstige Technologien

*Weber, K.-P.*: Die Wirkerei und Strickerei. Technologische und bindungstechnische Grundlagen. Melliand Textilber. internat. **53** (1972) 2, S. 171–174.
*Savvateeva, Z. V.*: Wissenschaftliche Forschungen in der Trikotagenindustrie. Tekstil. Prom., Moskva (Textil-Ind.) **31** (1971) 11, S. 44–47.
*Poletov, A. V.*: Richtungen des technischen Fortschritts in der Trikotagenindustrie. Tekstil. Prom., Moskva (Textil-Ind.) **31** (1971) 12, S. 24–27.
*Weber, K.-P.*: Die Wirkerei und Strickerei. Technologische und bindungstechnische Grundlagen. Melliand Textilber. internat. **53** (1972) 3, S. 302–303.

*Wirkerei- und Strickerei-Technologie*

*Blank, J.*: Wirkereimaschinen. Textil-Praxis internat. **27** (1972) 1, S. 22–24.
*Blank, J.*: Wirkmaschinen. Tex, Doetinchem/Nd. **30** (1971) 12, S. 36–40.
*Blum, L.*: Texturierte Garne in Wirkerei und Strickerei unter besonderer Berücksichtigung des Sektors Polyester – HAKA – Jersey. Wirk.- u. Strick.-Technik **22** (1972)3, S. 128–133.

*Erzeugnisse der Wirkerei und Strickerei*

*Torkunowa, S. A.*: Über die Scheuerfestigkeit von Gewirken und Gestricken für Obertrikotagen. Bekleid. u. Maschenware **11** (1972) 1, S. 36–37.
*Drozdowska, J., Gricuk, M.*: Erfahrungen auf dem Gebiet der Verarbeitung und Beurteilung von texturierten Polyamid-Bikomponentenseiden. Technik włókienn. (Textiltechn.) **20** (1971) 11, S. 333–335.
*Elmes, G. C., Fillippeli, M. L., Flindt, F. C.*: Flauschstoffe aus vom Produzenten gefärbter Polyacrylnitrilfaser. Knitting Times **40** (1971) 43, S. 26–28.
Einfache Gestricke offenbaren Vielgestaltigkeit in der Musterung. Knitting Times **40** (1971) 44, S. 79–88.
*Grebowski, J.*: Gewebeähnliche Maschentextilien für Oberbekleidung. Technik włókienn. (Textiltechn.) **20** (1971) 12, S. 371–378.
*Bönisch, E.*: Gewirkte Strukturgardinen mit Effektgarnen. Chemiefasern **22** (1972) 2, S. 103–106.

*Konfektion*

*Jílek, J.*: Die Bekleidungsindustrie und deren nächste Aufgaben im 5. Fünfjahrplan. Textil, Praha **26** (1971) 12, S. 393–395.

### Textilverbundstoffe

*Jörder, H.*: Zukünftige Entwicklungsmöglichkeiten und Einsatzgebiete für nichtgewebte Textilien. Textilindustrie, Mönchengladbach **74** (1972) 1, S. 16–18.
S-2, eine neue Stick-Konzentration. Melliand Textilber. internat. **53** (1972) 3, S. 273–275.

*Faserverbundstoffe. Vliesstoffe*

*Krčma, R.*: Heutiger Stand und Entwicklungsrichtung der Produktion von Vliesstoffen. Tekstil. Prom., Moskva (Textil-Ind.) **31** (1971) 11, S. 53–56.
*Lünenschloß, J.*: Einfluß von Faserlänge, Faserfeinheit, Kräuselung und Mattierung auf den Vernadelungsablauf und die Nadelfilzeigenschaften. Melliand Textilber. internat. **53** (1972) 2, S. 144–151.
*Beránek, M.*: Herstellung von Nähwirkstoffen aus Faservliesen, die auf der Nadelmaschine verfestigt werden. Melliand Textilber. internat. **53** (1972) 3, S. 276–285.
*Ovčinnikova, S. A., Tichomirov, V. B.*: Untersuchung des Strukturbildungsvorgangs im Film eines Kautschukbindemittels bei der Herstellung von Vliesstoffen. Izv. vysšich uč. Zav. Technol. legkoj Prom. (Hochschulnachr. Technol. Leichtind.) (1971) 6, S. 43–47.

*Fadenverbundstoffe*

*Mauersberger, H.*: Rückblick und Ausblick auf die Nähwirktechnologien Malimo. Melliand Textilber. internat. **53** (1972) 3, S. 286–288.

*Schichtstoffe*

Beschichtete Textilien in der Mode – ein 250-Millionen-Markt. Chemiefasern **22** (1972) 2, S. 144.
Tuftingteppiche gewinnen durch Einsatz von Streichgarnen. Textile Manuf. **98** (1971) 1162, S. 33; 35.

## V. Textilveredlung

Die Maschenstoffausrüstung, komplex betrachtet. Ausrüster und Konstrukteure sind angesprochen. Textilbetrieb **90** (1972) 1/2, S. 60–62.
Kontinuierliche Naßveredlung für Schmalgewebe erfunden. Mod. Textiles Mag. **52** (1971) 10, S. 46–47.

**Farbstoffe. Textilhilfsmittel**

*Delaney, M. J., Datyner, A.*: Die Wechselwirkung zwischen sauren Farbstoffen und nicht-ionischen oberflächenaktiven Stoffen und ihr Einfluß auf das Sorptions- und Diffusionsverhalten. II. Sorption von Farbstoffen und oberflächenaktiven Stoffen auf Polyamid-6.6-Faserstoffen aus definierten Bädern. J. Soc. Dyers Colourists **87** (1971) 8, S. 263–268.

*Baugh, P. J., Lawton, J. B., Phillips, G. O.*: Farbstoffbindende Eigenschaften von anionischen Cellulosederivaten und der Mechanismus der Ionenbindung in festem Zustand. J. Soc. Dyers Colourists **87** (1971) 3, S. 81–87.

Übersicht über Farbstoffe für Polyester-Maschentextilien. Knitting Times **40** (1971) 35, S. 81–87.

*Stinson, St. C.*: Steigerung der Textilausrüstungsmittelproduktion auf 1 Milliarde Dollar in den siebziger Jahren. Chem. engng. News **49** (1971) 41, S. 24–26, 28, 30.

*Ries, D.*: Reinigung und Ausrüstung im Lösungsmittel. Textilindustrie. Mönchengladbach **73** (1971) 12, S. 852–857.

*Kovács, J., Zeisel, I.*: Aufteilung von Druckpasten nach ihrer Herkunft. Magyar Textiltechn. **23** (1971) 12, S. 645–650.

**Bleicherei. Sonstige Vorbehandlungsarbeiten der Textilveredlung**

*Koretko, V. P.*: Wege für den weiteren technischen Fortschritt in der Bleicherei. Tekstil. Prom., Moskva (Textil-Ind.) **31** (1971) 11, S. 64–68.

Silikatfreie Stabilisierung der Peroxidbleiche. Melliand Textilber. internat **53** (1972) 2, S. 190–191.

*Serafimoff, S.*: Saures Bleichen einer durch Urin vergilbten weißen Wolle mit Natriumchlorit bei pH 2,5. Melliand Textilber. internat. **53** (1972) 2, S. 197–200.

*Ward, D.*: Fleckenentfernungs-Garantieprogramm. Mod. Textiles Mag. **52** (1971) 11, S. 31, 44.

**Färberei**

*Cratchly, L. K.*: Zwei Jahre Fortschritt mit dem polychromatischen Färben. Textile Month (1971) 12, S. 61; 63.

*Hempel, O. W.*: Prozeßrechnergesteuerte Garnfärberei. Chemiefasern **22** (1972) 1, S. 33–34, 36–40.

*Kalinowski, S.*: Lösungsmittelemulsionen bei der Vorbereitung für das Färben. Internat. Dyer, Textile Printer, Bleacher, Finisher **146** (1971) 12, S. 695–698.

*Park, J.*: Die Erziehung der Woolmark-Echtheit beim Stückfärben von 100% Wolle. Internat. Dyer, Textile Printer, Bleacher, Finisher **147** (1972) 1, S. 27–30.

Chemikalien- und Farbstoffdosierung in der Apparatefärberei. Melliand Textilber. internat. **53** (1972) 3, S. 319–320.

*Bell, J. R., Gailey, I., Oglesby, S.*: Analyse von Einflußfaktoren auf die Farbabmusterung beim Spulenfärben. J. Soc. Dyers Colourists **87** (1971) 12, S. 432–437.

*Burley, R. W., Flower, J. R., Rattee, I. D.*: Weitere Betrachtungen der Möglichkeiten der Strang-Färbemaschine im Hinblick auf einen wirksamen Massetransportprozeß. J. Soc. Dyers Colourists **87** (1971) 8, S. 278–279.

*Hughes, J. A., Sumner, H. H., Taylor, B.*: Färbeverfahren für Polyamidfaserstoff bei konstanter Temperatur. I. Eine Untersuchung des Mechanismus. J. Soc. Dyers Colourists **87** (1971) 12, S. 463–472.

*von der Eltz, H.-U.*: Möglichkeiten des kontinuierlichen Färbens von Wirk- und Strickwaren aus Synthesefasern. Chemiefasern **22** (1972) 2, S. 126–130.

**Druckerei**

*Bürgin, K.*: Die Beständigkeit der Filmdruck-Flachschablone. Melliand Textilber. internat. **53** (1972) 3, S. 349–353.

*Holland, G., Litherland, A.*: Dampfphasen-Umdruck. J. Soc. Dyers Colourists **87** (1971) 12, S. 488–495.

*Glover, B., Hughes, J. A.*: Die physikalischen und chemischen Eigenschaften von Reaktivfarbstoffen und deren Einfluß auf das Verhalten beim Textildruck. J. Soc. Dyers Colourists **87** (1971) 11, S. 371–379.

*Dodevski, Č., Kolevski, T.*: Druck von Mischgeweben aus Malon und Viskoseseide. Hemijska Vlakna, Loznica/Jugoslaw. (Chem. Fasern) **11** (1971) 2, S. 7–8.

**Ausrüstung. Trocknung**

*Smith, P. W.*: Eine Analyse der gegenwärtigen und zukünftigen Lage des Kommissionsausrüsters. J. Soc. Dyers Colourists **87** (1971) 12, S. 410–414.

*Senner, P.*: Veredlungsmaschinen. IV. Halbkontinuierliche und kontinuierliche Anlagen. Veredlungstechniken mit organischen Lösungsmitteln. Tex, Doetinchem/Nd. **30** (1971) 12, S. 31–35.

*Krčma, L.*: Permanente Feuerfestausrüstung von Natur- und Synthesefaserstoffen. Textil, Praha **27** (1972) 2, S. 43–47.

*Kunčev, E., Kolev, St., Arsov, A., Nikolova, A.*: Verminderung der Knitterneigung und Schrumpfung von Geweben aus Wolle. Tekstil. Prom., Sofija (Textil-Ind.) **21** (1972) 1, S. 31–34.

*Sievers, K.*: Geschrumpfte Produkte auf Vlies-Basis. Melliand Textilber. internat. **53** (1972) 2, S. 156–157.

**Wäscherei. Chemische Reinigung**

*Ueberschär, K.*: Zur Entwicklung von Waschsystemen durch Einsatz neuer Waschmitteltypen. Textilreinigung **19** (1972) 3, S. 79–82.

*Sieber, H.*: Reinigungsmaschinen für die Lösemittel R 113 und R 11. I. Reiniger u. Wäscher **24** (1971) 11, S. 38, 40, 41, 42, 44.

Verbraucher sind immer noch im Unklaren. Chem. engng. News **49** (1971) 45, S. 8.

## VI. Werkstoffprüfung. Meß- und Prüftechnik. Standardisierung

*Wegener, W., Feier, G.*: Die Umrechnung der Autokorrelationsfunktion in das Leistungsdichtespektrum und in die Längenvariationsfunktion. Melliand Textilber. internat. **53** (1972) 2, S. 139–144.

*Offermann, P., Sachs, R.*: Rechnergestützte Ermittlung der funktionellen Zusammenhänge zwischen dem Falschdrahttexturierprozeß, den Polyestertexturseiden- und den Gestrickeigenschaften. Dt. Textiltechnik **22** (1972) 2, S. 94–101.

**Eigenschaften und Fehler der Textilmaterialien u. a.**

*Hearle, J. W. S., Sparrow, J. T.*: Fraktographie an Baumwollfasern. Textile Res. J. **41** (1971) 9, S. 736–749.

*Davidovits, J.*: Notiz über die Feinstruktur von wärmebehandelten Polyesterfaserstoffen. Eine Deutung der mittels Elektronenmikroskopie erhaltenen Ergebnisse. Bull. Inst. Textile France **25** (1971) 157, S. 987–994.

*Ronca, G., Sorta, E.*: Ein Beitrag zur Theorie der Faserkräuselung. Faserforsch. u. Textiltechnik **23** (1972) 2, S. 55–60.

*Nixdorf, W.*: Grundlagen zur Berechnung der mechanischen Eigenschaften von Faserverbundwerkstoffen. Teil 1 und 2. VDI-Z. **114** (1972) 1, S. 25–28; 4, S. 257–261.

*Hoffmann, M., Jansa, J.*: Verwendung von Rechenanlagen bei der Auswertung viskoelastischer Eigenschaften von Textilfasern. Melliand Textilber. internat. **53** (1972) 3, S. 252–259.

*Slastunov, A. A., Kukin, G. N.*: Einfluß der Temperatur und relative Feuchte auf die Zugfestigkeit und Reißdehnung von Faserstoffen. Tekstil. Prom., Moskva (Textil-Ind.) **31**, (1971) 12, S. 44–47.

*Pospíšilová, D., Fleissig, J., Králiková, O., Loužilová, E.*: Biegefestigkeit der Faserstoffe in bezug auf Pillbildung der Fertigerzeugnisse. Textil, Praha **27** (1972) 2, S. 35–37.

**Meß- und Prüftechnik**

*Coates, E., Day, S., Durrans, J., Rigg, B.*: Messung und Einschätzung von Farbunterschieden für den technischen Gebrauch. I. Die Reproduzierbarkeit und Wiederholbarkeit von Farbunterschiedsmessungen. J. Soc. Dyers Colourists **87** (1971) 11, S. 379–387.

*Kudrna, M.*: Das viskoelastische Verhalten von Polycaproamidfasern während gleichmäßiger Reckung. Chem. Vlákna, Svit (Chem. Fasern) **21** (1971) 5/6, S. 183–186.

*Wagner, E.*: Streiflichter auf die Anfänge der Textilprüfung. Melliand Textilber. internat. **53** (1972) 3, S. 243–246.

*Dimov, K., Chardalov, I., Deceva, R.* (Schreibw. i. Orig.: *Chardalov, Ivan, Detscheva, R.*): Bestimmung und Einfluß des effektiven Faseräquivalents auf die Farbeigenschaften von Polyacrylnitrilfasern. Melliand Textilber. internat. **53** (1972) 3, S. 328–332.

Analyse von Textilmaterialgemischen. Bull. Inst. Textile France **25** (1971) 157, S. 959–983.

*Deli, S., Durante, G.*: Neues Gerät zur Messung des Wärmehaltevermögens von Geweben. Bull. Inst. Textile France **25** (1971) 157, S. 939–957.

Bestimmung des Verfilzungsgrades von Maschenwaren aus Wolle. Bull. sci. Inst. Textile France **1** (1972) 1, S. 97–114.

*Mecheels, J.*: Bekleidungsphysiologische Meßmethoden. Eindrücke vom Shirley International Seminar für Bekleidungsphysiologie in Manchester. Bekleidungsmedizin **12** (1972) 1, S. 5–8.

**Standardisierung. Terminologie**

*Uhlmann, R. H.*: Terminologie der Wirkerei und Strickerei. Melliand Textilber. internat. **53** (1972) 2, S. 182–184.

Möglichkeiten und Grenzen einer Qualitätskennzeichnung von Textilien. Textilindustrie, Mönchengladbach **74** (1972) 1, S. 55–59.

## VII. Betriebstechnik. Ökonomie. Tagungsberichte und dgl.. Sonderfragen

**Betriebstechnik**

*Blesák, J.*: Anwendung der Erkenntnisse und Mittel der technischen Kybernetik in der Textil- und Bekleidungsindustrie sowie auch im Textilmaschinenbau. Textil, Praha **27** (1972) 1, S. 18–20.

*Richardson, R. J.*: „Zähmung" des Computers. Mod. Textiles Mag. **52** (1971) 10, S. 41–43.

Die computergesteuerte Datenerfassung im On-line-System. Chemiefasern **22** (1972) 1, S. 31–33.

*Gibson, D.*: Rechnergesteuerte Textilfärberei. Melliand Textilber. internat. **53** (1972) 3, S. 321–322.

*Vasil'ev, L. M.*: Effektivität durch die Einführung der Automatisierung in Chemiestationen von Textilbetrieben. Tekstil. Prom., Moskva (Textil-Ind.) **31** (1971) 12, S. 36–40.

*Schleman, R. B.*: Wie die Fa. Blue Ridge-Winkler Textiles die Färbereiabwässer überwacht. Knitting Times **40** (1971) 35, S. 56–57.

*Rüb, F.*: Rationelle Lagertechnik im Textilbetrieb. Chemiefasern **22** (1972) 2, S. 133–137.

Der Transport von Spulen auf automatischem Wege. Ind. textile, Paris (1971) 1006, S. 721–722.

*Iyer, C.*: Transportmittel zum Aufbau eines Lagers. Tex, Doetinchem/Nd. **30** (1972) 12, S. 44–45.

*Kurkowski, M.*: Probleme des Arbeitsschutzes und der Arbeitshygiene in der Leichtindustrie. Technik włókienn. (Textiltechn.) **20** (1971) 9, S. 271; 274.

*Höke, B.*: Hochbelastete Industrieabwässer kein Problem. Wirtschaftliche Abwasserreinigung mit dem KATOX-Verfahren. Textilbetrieb **90** (1972) 1/2, S. 48–51.

**Ökonomie**

*Schleife, R.*: Ökonomische, arbeitspsychologische und soziologische Untersuchungen als Voraussetzung für Bedingungen, die die Drei-Schichtarbeit in Frauenbetrieben fördern. Dt. Textiltechnik **22** (1972) 2, S. 86–90.

*Reichhardt, H.*: Gestaltung einer optimalen Erzeugnisstruktur. Bekleid u. Maschenware **11** (1972) 1, S. 5–8.

*King, B. E.*: Gewinn aus Forschung? Textile Inst. Ind. **10** (1972) 1, S. 7–10.

Äthylen: Senkung der Zuwachsrate. Chem. engng. News **49** (1971) 51, S. 7.

Die Tage der Offenen Tür in der Textilindustrie der Vogesen. Ind. textile, Paris (1971) 1006, S. 707–712.

*Jelusic, H.*: Systematische Brachzeitbestimmung in der Weberei. Melliand Textilber. internat. **53** (1972) 3, S. 267–270.

*Bröckel, G.*: Markt- und Kostentrends für Web- und Maschenwaren. Chemiefasern **22** (1972) 2, S. 111–118.

**Sonderfragen**

*Wawrzaszek, Z.*: Die Forschungsbasis der Textilindustrie. Technik włókienn. (Textiltechn.) **20** (1971) 9, S. 268–270.

*Trauter, J.*: Ein neues Textil-Dokumentationssystem. Textilindustrie, Mönchengladbach **74** (1972) 1, S. 11–15.

*Ducrot, J. M.*: Das automatische Dokumentationssystem „Titus". Bull. Inst. Textile France **25** (1971) 157, S. 851–873.

*Peel, R.*: Fäden für Stützstrümpfe. Knitting Times **40** (1971) 45, S. 37–38.

*Zbieranowski, Z.*: Maschentextilien aus Synthesefasern filtrieren das Blut. Technik włókienn. (Textiltechn.) **20** (1971) 9, S. 281–283.